老屋創生 25帖

總策劃 陳國慈

目次

老屋創生25帖

創意複合空間

工作
空間

總策劃的話

源起

關於本書的誕生

迪化二〇七博物館、台北故事館 創辦人 陳國慈

從二〇〇二年開始到現在，我很幸運的展開多間老房子活化再生的歷程，突破原本律師工作的範疇，成為一名老房子的守護者，與台北故事館、撫臺街洋樓兩棟市定古蹟和二〇一六年我所買下的歷史建築迪化二〇七博物館結下深厚的緣分，負責照顧它們，並啟動它們的新生命。我從無數來到老房子參觀的朋友獲得回應，感受到一般大眾對老房子其實有深厚的感情，並肯定老房子必須保存下來，因為它們是串聯我們大家共同記憶的重要橋梁。為此，這十幾年中我總以「老屋傳教士」自許——看到朋友，不忘問一句：「你有沒有興趣參與老房子活化的工作？」對方的回答總是誠懇卻一致——「我家祖厝還空在那邊呢！」或「我很有興趣買一棟老房子」，接下來，卻總是加一句：「但我不知道要拿老房子做什麼用途？」這些猶豫和感嘆，往往讓原本有意願認養政府古蹟的人最後還是選擇縮手，這一份「不知要在老房子內做什麼」的無奈也常令我感到不解與遺憾。

至於營運老房子的模式，我選擇的使命，向來是找到一處適合的平台，向社會大眾（尤其年輕一代）推廣並加深對文化資產和歷史的興趣與重視。所以連著三棟老房子的活化方式，我都很自然地把它們定位為迷你型博物館，扮演歷史舞台，透過各種主題展覽和藝文活動吸引民眾前來，認識並進而懂得珍惜它們，以及它們所見證過的時代與回憶。不過，我所選擇的經營模式，不見得適合其他老房子的主人，畢竟每一棟老屋和它的主人都有屬於他們自己的客觀與主觀條件。

值得慶幸的是，近年來投入老房子再生的同道人越來越多，在今天幾乎已被高樓大廈淹沒的台灣各地，不時會出現一棟破舊老屋搖身蛻變為一顆美麗到令人喘不過氣的閃亮鑽石。我和我先生以及迪化二〇七博物館經營團隊走訪不少再利用的老房子，深深感受到我們一點都不孤單，原來台灣老房子的營運使用竟如此充滿創意，有太多驚喜了。

累積這麼多美好的感動，我想著，是否能以「迪化二〇七博物館」為平台，將大家串聯在一起呢？於是，我們決定邀約同樣營運老房子的夥伴，記錄下他們活化老房子的故事，編出一本老房子再利用的「食譜」，讓有興趣投入這工作的人有資料可參考，找到自己的靈感，並且發展出屬於自己老房子的新生命。

《老屋創生25帖》這本書的初心，如此簡單。

由我擔任總策劃，這個概念逐步落實；工作團隊花了兩年的時間，在多位專家老師的引導下，走訪全台，以經營理念、使用模式、如何取得房子使用權、建築特色為基準，把跨越十四個縣市、具代表性的二十五個老屋創生的營運方式分為七大類別，再由八位撰文者和八位攝影師詳細介紹。非常感謝這些老房子的營運者不吝分享他們從整修到營運所遇到的困難以及如何化解衝突，每個故事都充滿濃濃的情感，十分動人。也感謝遠流出版公司一起合作，專業編輯團隊讓這本書逐步成形。特別感謝王榮文董事長、傅朝卿教授，他們對老房子再利用這個議題深深有感，慨然為序。

《老屋創生25帖》出版本意雖是提供有志活化老屋的朋友參考所用，但我相信並且期待，對於有興趣走一趟「老房子之旅」的朋友們，這本書也可以勝任大家找尋老房子驚喜的「最佳導覽員」，一起開始行動吧。

推薦序一

常民視角的老屋再利用

國立成功大學建築系名譽教授 傅朝卿

一九七七年，國際著名的景觀建築師勞倫斯哈普林（Lawrence Halprin）到台灣演講，帶來了「再利用」之觀念，但一直沒受到關注。二十年後，行政院文化建設委員會（今文化部）有鑑於台灣文化設施長期不敷使用，從一九九八年起，開始鼓勵地方整理舊有建築，再度活絡空間生命，以做為藝文用途，形成了「閒置空間再利用」的運動。不過開始推動時，公私部門對於再利用的觀念與實務，存有很大的歧異，在計畫熱潮慢慢消退後，一些勉強使用的閒置空間也在缺乏永續經營管理的狀況下，再度閒置。

後來透過許多學者的呼籲，加上「文化資產保存法」於二〇〇〇年及二〇〇二年修訂時，逐步將國際上正確的再利用精神引入後，不少再利用案例才開始真正出現。然而從二十世紀末到二十一世紀初，不斷出現的再利用案例中，基本上是一種由公部門經費挹注為主的文化建設，再利用的內容也多數是經由上而下設定。

二〇〇八年起，有民間社團開始以推動老屋再利用為主題，舉辦系列活動，引起社會各界的關注與討論，並且逐漸在民間發展出一種「常民視角」的老屋再利用，風潮遍及台灣各地，老屋成為都市新寵，老屋也成為都市亮點。這種常民視角的老屋再利用，若與公部門主導的再利用相較，有三個面向特別值得一提。

第一、以屋主、經營者與使用主為中心的再利用。相對於絕大多數由公部門主導的再利用，對象為法定的古蹟或歷史建築，從修復到再利用往往歷經冗長的審查，而專家學者或修復建築師更經常是再利用的主導者；而常民視角的老屋再利用，則因為牽涉到非常實際的經營需求，因此多數案例的軟硬體對策都來自於真正和老屋使用有密切關係的人。

第二、再利用的模式回歸於平常生活的內涵。由公部門主導的再利用案例，常因政策的原因，定位於相當理想化的內容，特別是文化藝術類的使用，卻也往往將與一般民眾的距離拉得更遠，錯失讓更多人享受老屋空間氛圍與樂趣的機會。常民視角的老屋再利用，多數具有服務社區的意圖，也企圖成為在地的一分子，因此再利用的內容，會思考如何與鄰居成為一體，共享老屋第二春的成果，迪化二〇七博物館就是一個很好的例子。

第三、突破「文化資產保存法」陳框的再利用設計。常民視角的老屋再利用，因為多數案例不是法定的文化資產，因此可以跳脫文資法的限制，在老屋修復的態度或空間設計的思維，可以更活潑且更有彈性。即便是具有文資身分，也因不是大家認為完全不能更動的「古董」建築，因此不用斤斤計較於修復時必須呈現「專家式」的精準。不破壞老屋成為再利用唯一的條件，不同案例呈現的是多樣而豐富的面貌。

本書收錄的案例，在進行再利用前後的機能十分多樣，且遍及於台灣各地。這也反映出老屋再利用已是台灣各地共同的文化與都市現象，而這個現象背後更代表著台灣民間對於老屋文化的熱愛與關注，已經從公部門的視角擴散到常民的視角。這股風潮所帶來的正面能量與影響，必將隨著本書的出版，更加普及。

推薦序二

有能力活化，老屋就能是大資產

華山1914文創園區／台灣文創發展（股）公司 董事長 王榮文

我不知道什麼時候，陳國慈女士開始醉心於老屋創生？我確知的是二〇〇二年，始建於一九二六年的美國駐台領事館變身為台北之家，是她牽成台積電文教基金會和台北市政府文化局公私合力整建完成，並由當時龍應台局長拜託侯孝賢導演的台灣電影文化協會入駐經營，始有今日中山北路光點台北之老屋創生。

之後，一九一四年由大茶商陳朝駿仿英國都鐸式建築所造之市定古蹟圓山別莊需要再生，陳國慈女士毅然開風氣之先，以私人財力認養此一博物館級古蹟為台北故事館。從二〇〇三至二〇一五年，她身體力行、對充滿故事的老屋用心用情之深，令人動容。

在與公部門合作多年後，她終於在大稻埕購得一棟私有的歷史建築——創建於一九六二年的廣和堂藥鋪。二〇一七年起這位老屋再生的傳教士，再以「迪化二〇七博物館」為爐灶，策展交流之外，更成為《老屋創生25帖》一書的催生平台。這本書就在她的策劃下，分七大類記錄了台灣二十五個老屋新生的精彩故事。

很高興這次她和遠流台灣館合作，也很高興她邀我推薦本書，並指定我分享經營華山1914文創產業園區近十二年的心得。恰逢今年（二〇一九），經濟部頒發「國家產業創新獎」給華山經營團隊，就藉此機會分享我參與保護古蹟、活化古蹟的心情和心得吧！

二〇〇七年五月，台灣文創聯盟獲選為華山文創產業旗艦基地ROT案的最優申請人，十一月六日台灣文創發展股份有限公司與文建會簽約，依促參法及合約規定受託經營華山文創產業園區15＋10年。由於這是政府第一件文創園區促參案，當簽約雙方在建設性夥伴關係和履約衝突需要磨合時，又常面臨社會各界對園區「公共性、公益性和專業性」不同的聲音，近十二年來文建會／文化部和我們工作團隊共同面臨的壓力並不小。所幸我們做對一些事情，也勇於創新突破，華山終成為台北的創意江湖。華山所打造的文創平台也盡力滿足各方發現趨勢、樂在學習、成就品牌的需求。

「每個城市都有閒置空間需要再利用，都有珍貴產業遺址和歷史古蹟需要活化。」借助得獎，我衷心期待台文創團隊的地方創生活化經驗可以儘速轉化為「華山文旅學」，分享至台灣二十二縣市及華人世界。

朋友們可能好奇，我做對了什麼事？首先是訂定華山園區願景：「一所學校、一座舞台、一種風景、一本大書」，而金庸題字「華山今論劍、創意起擂台」成為場所精神。加上「會、展、演、店」每年二千場大大小小活動變成獨特的產品和服務模式，使華山成為年輕人最喜愛的文創平台，也使我們打造華山成為「文星匯聚之地、文化觀光熱點、創投基金尋找標的之處」的十五年階段性目標可以實現。

《老屋創生25帖》精選了台灣近二十年來老屋保存及活化運動二十五個活生生的例子，閱讀他們實踐老屋創生的故事，就如同看到一群具有理想性格的台灣人，不斷地在試錯創新、跨域學習、奮鬥求勝的身影。

據我所知，台灣在老屋創生的耕耘成果不但被大陸朋友看重，也吸引日本文資保存教授欽佩的目光。真榮幸，我能與他們同行！

起建年分
日治時期

以書換書
為小鎮注入新生

石店子
69有機書店

新竹縣關西鎮中正路69號

喜愛閱讀，就如同喜愛老屋一樣，都是件孤獨的事，
而老屋開書店，
或許就是用一種靜默又開放的型態與人分享。

——————————————— **盧文鈞**（現任主人）

新竹關西曾以伐木、煤、茶業興盛一時，如今人口流失僅餘兩萬多人，成為不折不扣的沒落鄉鎮之一。不過，近幾年關西小鎮捲起了復興風，從石店子老街到東安古橋等地區，交織成一個文化生活圈，各式活動的舉辦，為老年化的小鎮注入新生，其背後的推手就是讓這條老街活絡起來的第一間店——「石店子69有機書店」於二〇一四年十二月開幕。

店名的「69」是門牌號碼；「有機」不是兼賣蔬果，而是期許成為一顆不斷萌芽成長的種籽，用「以書換書」的方式取代商業買賣，透過推廣閱讀來聯結人與人、人與土地之間的情感和互動，這就是「石店子69有機書店」的初衷。

源起

中年生涯轉換，選擇純樸小鎮落腳

「其實辭職下鄉生活的念頭醞釀快十年了，剛好當時有機會，就做了決定。」年近五十的老闆盧文鈞並非本地人，他在台北出生、長大，關西是他為自己選的新家鄉。過去他曾任職於品牌行銷顧問公司，承接過許多公部門社區營造相關的案子，二〇一四年與新竹縣政府合作，負責關西地區的活化案，愛上了這裡的氣氛，於是關西小鎮就這麼成為他生涯轉換的驛站。關西離台北不遠、交通方便，老街仍舊保有純樸的氛圍，他在一番評估後，租下成排荒廢老屋的其中一間。

這間老屋建於日治時期，約莫五十坪的長條形街屋，外部砌磚，牆面結構為傳統土墋所搭建，後來屋主陸續在內牆破損處以紅磚和水泥修補，屋瓦則已改為鐵皮。盧文鈞回憶初踏進老屋時，屋頂、牆面結構堪稱完整，但已兩、三年無人居住，內部年久失修，「很多地方還積了厚厚的鳥大便。」他苦笑說。

整修規劃

小幅度改造，二手家具運用

喜愛閱讀，就如同喜愛老屋一樣，都是件孤獨的事，而老屋開書店，或許就是用一種靜默又開放的型態與人分享。盧文鈞表示，本來只想把這裡當成工作室，但他自己是個嗜書如命的書

石店子地名由來

石店子老街號稱「全台最短的中正路老街」，是日治大正年間拓寬新街範圍的道路，約莫從關西分駐所到牛欄河畔路段，蓋有兩列紅磚拱廊式街屋。而關於石店子地名的由來，一說是此地早年有很多打石店；一說是從客語「sagdiame`」音譯而來，描述這裡顛簸的地形。

盧文鈞選擇關西做為他的新家鄉，為地方注入新活水。

石店子69有機書店由老街屋改造轉化。

蟲，過去曾開設二手書店，轉念一想，乾脆把家中上萬本藏書的一部分搬來這裡。但他又不想被買賣的銅臭味壞了氣息，便設定「好書交換」方式，開放大眾拿書來換書，把書籍做為他進入當地、和街坊鄰居打交道的友善媒介。

光線能讓老房子展現生命力，盧文鈞擁有老屋後第一個著手整修的地方，就是拆除灶房，改造成現在的天井，他說：「掀開天花板、把牆打掉做成玻璃窗，自然的採光讓陰暗的室內整個明亮了。」這也是目前店內櫃檯旁迷人的角落，他擺進盆栽、種植花草，讓客人遊逛書海之餘，可以一眼望見這方綠意。

「但修完天井之後，我呆坐了好久，不知接下來怎麼辦。」盧文鈞說當時他每天在房子內左思右想，感受老屋給他的訊息，最後只以最小幅度改造，將磨石子地板凹凸不平的坑洞用水泥填補；屋頂與牆的接縫處漏水，就簡單用矽利康密封。而斑駁的牆面，更是故意保

保留老屋原味只做小幅度改造，展現土埆厝的鄉土古意。

店內首先改造完成的天井，讓客人遊逛書海之餘，可以一眼望見這方綠意。

留著老屋原味，僅塗上一層透明漆以防止磚灰風化，再從家裡挖出兒子幼時的彩繪和拼貼畫作，重新裱框、掛上牆頭，童趣和土埆厝的鄉土古意果然相搭。

店內格局簡單，盧文鈞請設計師畫了平面圖、規劃店內陳設後，便找木工釘做一排排的木頭書櫃，其他的家具、燈具甚至馬桶，幾乎都是朋友贊助或捐贈二手用品，環保又省錢。最後，他親自到鄰近的三義挑選一扇木雕門，取代原本的鋁門，書店的門面就此有了舊時代的氛圍。老屋的整修歷時三個月就掛起了書店招牌。

現今，一進門即是二手書店的營業空間與盧文鈞的一方小書桌。他自己閱讀雜食，架上書籍從世界文學經典、推理、科普到商業都有，沒有制式分類，宛如書海淘寶，但另設立「每月一書」展位，不分新舊推薦他的當月選書與相關報導。一樓前端保留老屋原有的小閣

斑駁的牆面刻意保留，僅塗上一層透明漆以防止磚灰風化。

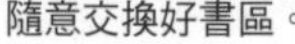

隨意交換好書區。

店內童趣復古玩具。

閣樓白天為小朋友最愛的閱讀空間，夜裡就成了一個平價的床位。

樓，舊時做為住家之用，他將原有的磚塊與水泥樓階平面、鐵欄杆扶手稍做補強，鋪上榻榻米，牆面改用幾片橫木做成半開放式的空間，擺滿青少年書籍與漫畫。假日常有父母帶著小孩前來，大人在樓下談天逛書店，孩子們咚咚咚往閣樓一鑽，在榻榻米的靠枕上一躺，埋進書堆裡，自成一個舒適的小世界。

書店延伸到底的一道小門通往盧文鈞的房間，同樣僅簡單修整牆面、地板，幾把老舊的木椅與藤椅上，依舊堆滿了書；木板隔起的小閣樓搭上蚊帳，就是夜裡棲居的床。再往後則是廚房，以及舊時豬圈改造而成的廁所，直通到屋後的天井，如今變身為露台小花園，可以直接望見屋後的街道，視野柳暗花明又一村。

營運

以書易書，背包客棧體驗鄉下生活

石店子69有機書店採「有機成長」的方式經營，一開始以書籍交換的模式營運：書店是一個交換平台，為了打破民眾閱讀習慣的框架，店內的書籍沒有分類，民眾可以帶書過來自由交換，在離開時，將二十元銅板投進小箱子做為支持書店營運。開幕幾個月後，盧文鈞靈機一動，改變了營運型態，將書店的榻榻米小閣樓做為民宿經營，搭起一塊布簾，白天的閱讀空間在夜裡就成了一個平價的小床位，恰巧符合環島單車客、國外背包客的需求，儘管沒有安裝冷氣，炎夏時客人汗如雨下，但在Airbnb等國際民宿網站上，仍獲得不少迴響。

這樣獨特的經營模式在新竹縣文化局的協助宣傳下，吸引各界媒體注意，「畢竟在這人口外移的小鎮，出現這間『百年老屋＋偏鄉書店＋外地人』的組合，是一件有點新聞眼的事。」盧文鈞表示，至今這間小書店已有二十多家媒體採訪，進門的客人，則從假日返鄉的年輕人，慢慢拓展到外地觀光客。

由於民宿迴響熱烈，隔年他又租下隔壁的另一間老屋，打造成民國五〇年代鄉間古厝風格的「67老街客棧」，不過度裝潢，保留花磚、花布、斗笠等裝飾品，喚起許多人兒時外婆家的懷舊記憶。這間客棧內貼的紅紙標語「好好生活、睡甜甜、心安安」，就是他對自己中年後回歸鄉間最貼切的心情寫照。

串聯資源複製模式，建立社區產業鏈

盧文鈞看似「無為而治」的經營法，沒有賺大錢，卻默默在關西掀起波瀾，「大家覺得奇怪，怎麼會有一間書店出現在這排空屋老街？真的有人來逛嗎？」書店開幕後一、兩年內，或許地方上的社區意識也恰巧凝聚成熟，自二〇一五年起，短短的一條老街上宛如雨後春筍般，冒出了包括陶藝館、咖啡館、展演空間等十多間文創小店，在地人、外地人經營約莫各半，為沉寂許久的老街帶來生氣。

對於老街的改變，他自己則感意外，「也許因為近年景氣的關係，都市生活不容易且壓力大，許多人考量與其在公司領少少的薪水，不如回鄉創業。」因為這些老闆們的創意和努力，不僅把石店子老街的街屋翻新面貌，也屏除了台灣其他觀光老街制式的商業氣息，展現文創多元的生命力。近年，這些商家機構還合組「關西藝術小鎮發展協會」，陸續申請到文化部經費進行文創街區改造計畫、藝術浸潤空間計畫等，舉辦過藝術家駐村、手作與音樂表演培力營、各式工作坊等，致力於在地藝文培力工作。

不過，官方宣傳的加持畢竟曇花一現，盧文鈞認為，純粹發展「觀光」已經過時，也不足以帶動在地深遠發展，「我們的願景是要把這裡打造成讓人願意來一百次的老街。」他以日本的「越後妻有大地藝術祭」為標竿，希望將文化、創意、產業三者結合，建立社區產業鏈，並吸引觀光客一再回訪，才能創造地方上的產值。

這裡沒有高樓，稻田就在幾步之外，比起城市裡的文創街區，多了份可以穿著拖鞋閒逛的悠哉。在地方團體的串聯下，如今來遊玩的旅客能透過「石店子69有機書店」和相關單位合辦的活動深度認識關西，體驗小鎮純樸生活的魅力，例如「客家生活體驗營」，內容從碾米、手做竹餐具、客家紅糟製作到用窯、客家紀錄片欣賞；「慢活小旅行」導覽關西百年三合院羅屋書院、石店子老街，品嘗社區媽媽的客家特色料理，參訪八十年歷史的錦泰茶廠，DIY絹印體驗等。盧文鈞解釋這些活動有的是申請公部門補助、為期一年或兩年，有的則成為書店常態性的活動，讓來到石店子老街的旅客，除了欣賞成排的紅磚連拱老街屋，還能一路遊逛書店、陶藝館、設計工作室，在展演空間聽一場假日音樂會，或在咖啡館與茶藝館喝杯飲料；希望從點到線，再到面，擴大旅客對關西小鎮的感受層面。如今整體營運中，只靠一位小幫手協助打理書店，民宿收入占九成，其他店內販售的文創商品占一成。

「石店子69有機書店」與隔壁「67老街客棧」，成為老街上的美麗風景。

在沒有固定商業模式的經營下，盧文鈞個人的主要收入仍來自文創輔導案，其中約四成為政府案。繼第一間有些實驗性質的「石店子69有機書店」之後，他也著手將「書店結合旅店」的經驗複製，並利用過去行銷的工作經驗，將「有機書店」經營成為品牌，有計畫性地拓點，目前在台灣各地已有其他六間有機書店設立，包括新埔的「水石有機書店」、穹林的「上山侃書有機書店」、貢寮的「貢寮街有機書店」、東勢的「板寮有機書店」、苗栗的「貓裏有機書店」、獅潭的「獅潭有機書店」。這些空間有的同為承租老屋、有的為結合官方資源的文創街區改造，他描述自己的角色並非老闆、而是提供創業經驗的顧問，以培育青年返鄉為目標，徵召年輕人經營，合作模式有二：「如果店面租金與整修都是我負擔的，就是直營店；反之就是聯營店，聯營店的獲利採用拆帳，一般比例是七三。」盧文鈞希望同樣以結合「交換書、背包客棧、規劃社區體驗活動」的模式，集眾人之力，打造小鎮創生新風潮。

文／林欣誼　攝影／曾國祥

石店子69有機書店

老屋創生帖

書店、旅店加社區小旅行，
致力文化、創意、產業三者結合，
創造地方新產值。

盧文鈞

老屋再利用建議

1.在老屋體驗鄉下生活，不裝冷氣、不朝現代便利舒適改造。
2.光線能讓老房子展現生命力，盡量引進自然光。
3.可以盡量使用手作的物件如木雕門取代鋁門，營造舊時代氛圍。

老屋檔案

平面配置

地址／新竹縣關西鎮中正路69號
電話／0921-743789
開放時間／周一至周日10：00～18：00
文資身分／無
起建年分／約日治時期
原始用途／一樓為商店、小閣樓為住家
建物大小／約50坪
再利用營運日期／2014年12月
建物所有權／私人
取得經營模式／租賃
修繕費用／20萬元
收入來源／民宿90%、文創商品10%

起建年分
1931

巷弄老宅以書為市集

書集喜室

彰化縣鹿港鎮杉行街20號

順著老屋自身的歷史紋理，
一點一滴地將其細節洗淨、修繕後，不需磨亮，
美麗的光芒自然就會散發出來。

——————————**黃志宏**（現任主人）

位於彰化鹿港杉行街的「書集喜室」，是一間由八十多年老宅改造而成的獨立書店。對於營運者黃志宏夫婦來說，中年返鄉、買間老屋開個書店，是個不在原本人生計畫中的意外旅程。不過，雖說是「意外」，但從一開始的買屋、修復，到後來決定開店、調整營運方針，整個過程卻都是經過縝密思考所做的選擇。夫婦兩人發揮「傻瓜」精神，貸款買屋、從未申請任何補助、捲起袖子自己動手修復，然後開了一間賣非暢銷書的書店、販售一些利潤不高的茶水及點心，如此看似「不合時宜」的作法，其實背後拴牽著一些他們所堅持的價值與信念。

源起

用雙手、用時間，自己修房子

都說房子會找主人，這似乎一點也沒錯。

原本在台中成家立業，生活了二十三年的黃志

↑位於杉行街的「書集喜室」，立面牌樓有「鄭永益」三字，顯示當時的屋主姓鄭。

→黃志宏開店第一件事，就是把窗板一片片卸下。

宏、魏小順夫婦，幾年前，動了想回鹿港生活的念頭，他們感嘆，在台中生活了這麼多年，但對台中還是不熟悉，因為總是從一個盒子移動到另一個盒子，都市生活的匆忙讓他們決定在中年返鄉，「想回到可以散步的地方，生活多一點，工作少一點。」於是，他們委託仲介找房，條件十分簡單，房子小沒關係，舊沒關係，在巷子裡也沒關係，沒想到仲介帶他們來看的第一間房，就是書集喜室所在的這棟杉行街老宅。

還記得第一次見到這棟房子的印象，魏小順說：「當初看到這間房子的立面，覺得根本就是豪宅。」不過，推開門走進去，才發現內部的屋況並不好，如同廢墟，不只屋梁歪斜，二樓的樓梯、樓井也早已坍塌，無法上去，可是夫婦兩人站在斑駁頹圮的四壁之間，卻同時都覺得心裡很舒坦、寧靜，於是，即便超出預算，他們也歡喜甘願地買下這間老宅，決心讓

書集喜室老闆黃志宏，用雙手與時間慢慢打造老宅。

房子回到原本美麗的樣子。

「我們算了一算，只要持續原本的工作，再盡可能降低對外物的索求，也許就能付得起每個月的房貸。」就這樣，動念單純的兩人花了一年，慢慢用雙手、用時間，讓房子恢復了昔日的光采。他們都沒有房屋修繕的經驗，靠的是自己對於老屋的解讀，黃志宏學的是歷史，魏小順則是人類學背景，他們把這棟老宅當作回鄉後的家，順著房子自身的歷史紋理，仔細察讀、用心整理，一點一滴地將老屋的細節洗淨、修繕後，不需磨亮，美麗的光芒自然就會散發出來。

整修規劃

回復格局與採光，加入現代生活需求

這棟建於一九三一年的鹿港老宅，前任屋主姓鄭，在當時蓋了最時興的和洋建築，外觀立面延續大正時期的建築特色，泥塑較多，屋內格局則是住商合一的長條形街屋。黃志宏說，關於一棟建築有沒有價值的問題，對政府而言，在乎的是建築語彙；對民間來說，則視其可否活化再利用；但就他從事歷史工作的角度，認為老房子就像是老契約，可以反映當時的許多事。

首先，空間格局反映了當代的生活及產業；其次，房子的所在地反映時代變遷。杉行街從前以杉木貿易及相關產業而得名，老宅昔日主人最早便是從事杉木貿易，後來到彰化市改做布料生意，宅子也從住商合一的功能，轉為居住為主。老屋主夫婦生了十二個孩子，屋內曾經熱鬧非常，但隨著孩子長大、移居他處，最後只剩老太太堅持住在老房子裡，不肯搬離。然而，當老太太在二〇一一年百歲辭世後，屋子快速老化，年輕主人於二〇一三年將房子脫手後，新主人黃志宏決定要朝三個方向來修復老屋。

第一，回復老宅空間格局。黃志宏完全沒有更動屋內的格局，只在空間功能上稍做調整。穿過第一進的書鋪空間後，「廳後房」隨即映入眼簾，這裡是昔日主人的臥室，而今化為用茶、看書的空間。走過長廊，是以前的廚房，舊有的灶已壞了，便將此處改裝為客廳，並將後方的倉庫規劃為明亮的廚房，一旁的天井還留有一口古井，至今仍用井水洗地、澆花。後院的糞坑變成

老舊的紅地磚引人發思古之幽情。

倉庫規劃為明亮的廚房，如果覺得陽光太刺眼，那就放上一盆植物擋著吧！

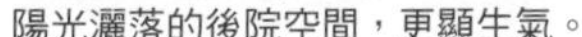

陽光灑落的後院空間，更顯生氣。

天井還留有一口古井，至今仍用該井水洗地、澆花。

了嶄新的現代化廁所，只留下紅磚牆的浴室，在新增了屋頂後，成為女主人的個人書房。有趣的是，後院裡還有個從日治時期留下來的防空洞，本來已被填起來，沒想到被黃志宏細心發現，挖了兩周才讓它重見天日，並在此設置可愛的鞦韆，供人玩耍。

第二，回復老宅通風採光。在照明設備及風扇都不普及的那個年代，屋內的設計必須很「智慧」，除了設置天井，在二樓也搭建樓井，並在樓井的周圍開窗，增加屋內通風、引進日光。因此，黃志宏將二樓樓井、窗戶修復成原本的模樣，一樓窗戶也照舊使用需一片片卸下、裝上的窗板，依照當日天氣，調整窗板位置，引進合適的風和陽光。不論是一、二樓，書集喜室都沒有裝冷氣，「我們希望這是一種練習，練習用以前的智慧來打造舒適的現代環境。」黃志宏說。

第三，在不改變格局的前提下，加入當代

↑左上方為二樓樓井的原地板，右下方則是新鋪上的木地板。

←二樓樓井是採光通風的來源，明亮的空間也是喝茶的好所在。

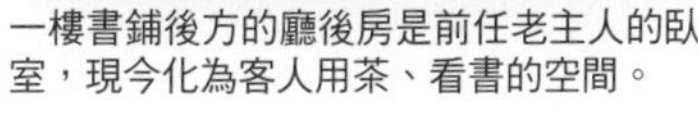

一樓書鋪後方的廳後房是前任老主人的臥室，現今化為客人用茶、看書的空間。

從前的防空洞，現在吊上了鞦韆供人玩耍。

生活方式。兩位新主人念舊但不戀舊，認為建築的本體是為生活所用，而不是帶有距離感的僅供觀賞。因此，他們所打造的空間很有生活感，手上有什麼東西，就直接拿來運用，破損的窗框、建材等，在黃志宏的巧手下，化為店內的桌椅擺設；坐墊是用麻布袋縫的；廚房天窗的陽光直射過於刺眼，便吊上一盆植物緩衝，既不影響採光，又能讓植栽曬太陽，兩全其美。關於修屋，也將其視為一種日常，就像家裡修電器一樣，沒有必要過於仿舊，「所謂修舊如舊，是指工法、材料如舊，時間久了自然就有如舊的質感，而不是修起來要像舊的。」黃志宏一語道破現代人修老屋的迷思。

營運

用茶館養書店，收入剛好就好

修復完老宅後，兩人都覺得房子實在太漂亮了，加上空間也大，抱持著分享的心態，決定開門做一點小生意，讓大家都能看到這所老宅之美。但做生意並非兩人的強項，看著家裡滿櫃的書，「想說不如來開書店吧！」書集喜室因而誕生，不僅是「以書為市集」的地方，更期盼成為讓人「喜悅的空間」。然而，就在覺得生意「好像」做得起來之際，發現來書店看一看的人很多，還曾創下單日近百人參觀的巔峰，但是買書的人卻少得可憐，這樣下去，環境、營運都負荷不了，因此調整經營方針。

第一進的空間依舊是書鋪，賣著歷史、人文相關的書；二樓的樓井及第二進的空間則化為茶館，以單價四十五元至六十元不等的有機好茶及手工茶點來解客人之渴、口腹之饞，同時藉由少少的利潤滋養書店及老屋，「我們只想營生，而不是賺大錢，所以收入剛好就好。」就目前為止，「用茶館養書店」這招在書集喜室似乎是可行的。

營造屬於家的生活方式

漂亮的房子自然會吸引人來，也曾有公部門的補助找上門，但夫婦兩人堅持不申請任何的補助，「不是因為我們狂妄，而是因為這棟房子對我們來說，是家，不是物件。」若從家的角度出發，自然就很願意慢慢地花時間、花心力，幫助房子重現自身神采，投入情感，讓原本毫無干係的建築變成自己的家。「我們想試試看小而美、深而遠的生活方式，試著不靠金援，不做大、獨立走走看。」幸運的是，書集喜室自開張以來，即便並不華麗，但其樸實、強韌的特質卻也吸引了不少知音人踏進門來。黃志宏說，當初他們修復這間老宅還有一個目標，就是證明老的東西是有價值的，尤其現在，不管是鹿港當地或是全台各地，都有許多老屋面臨被拆除的危機，老屋的精神、價值更應該被彰顯出來。他也強調，每間房子都有不一樣的歷史、故事，修復老屋就是抱著尊重的心情，將自己退到解讀的位置，把往日的脈絡找回來，帶入當代的生活方式，如此房子無需刻意營造，自然就會很美。

文、攝影／高嘉聆

從二樓樓井俯瞰書集喜室，感受這個令人「喜悅的空間」。

書集喜室

老屋創生帖

尊重老宅歷史紋理，找回往日脈絡，
並帶入當代生活方式，
以書店及茶館的收入維持營生。

黃志宏

老屋再利用建議

1. 老空間應帶入當代的生活方式，可視使用需要在空間功能上稍做調整。
2. 修復老屋須抱持尊重的心情，找回往日脈絡，房子無需刻意營造，自然就很美。
3. 沒有必要過於仿舊。所謂「修舊如舊」，是指工法、材料如舊，不是修起來要像舊的。

老屋檔案

平面配置

地址／彰化縣鹿港鎮杉行街20號
電話／不公開
開放時間／周三至周日11：00～17：30（周一、周二固定公休；其他店休日會另外在Facebook上公告）
文資身分／無
起建年分／1931年
原始用途／住宅兼店鋪
建物大小／建地44坪
再利用營運日期／2014年4月
建物所有權／私人
取得經營模式／購買
修繕費用／200多萬元，未含自製桌椅、書櫃、擺飾等
收入來源／茶館60%、書籍銷售40%

舊日糖都的文化復興

起建年分
1941

虎尾厝沙龍

雲林縣虎尾鎮民權路51巷3號

要如法國大革命時期的沙龍般，
能讓雲林在地文化人、知識分子，
齊聚分享。

——————————**王麗萍**（現任主人）

建物為水泥結構、洗石外牆，擁有八角樓屋頂，混搭了和式、洋式與台式風格。

日治時期雲林虎尾是產糖重鎮，一度擁有糖都美名，大量的糖輸往海外，地方經濟貿易活絡，文化薈萃。今日，儘管往日虎尾的糖業榮光不再，那時蓋起的一棟棟新式建築，卻依然在新時代裡佇立，隱藏在鎮中心巷弄裡的「虎尾厝沙龍」，就是其中之一。這棟融合和洋式特色的老屋，深深打動了後來的主人——王麗萍，她在二〇〇九年底決定買下它，二〇一一年以獨立書店之姿正式開張營運。

「虎尾厝沙龍」有著八角樓屋頂、仿八角樓的空間設計、日式水泥瓦、東方風格的木造門窗，混搭了和式、洋式與台式風格的建築，不但吸引各地遊客特地前來一探，更是鎮上人文、知識匯聚的沙龍空間。

源起

一見鍾情相遇，貸款買下老屋

興建於一九四一年的虎尾厝沙龍，原本屬於屋主吳瀾所有。生於嘉義的吳瀾，選擇在雲林虎尾落地生根、經營中藥鋪，在鎮上最熱鬧的黃金地帶，蓋起了這棟當時最新、最時髦的屋子當住家。建物是水泥構造，外牆有著洗石牆面；走進屋內，五個不同用途的房間，處處都有日式建築的多窗設計，廳堂上方還有半圓形的牛眼窗，而後方通往中藥鋪的走廊上頭，掛的也是當時台灣製造、熱銷歐美最時興的「牛奶燈」。

王麗萍為土生土長雲林人，曾任雲林縣議員、立委，從政多年，透過雲林青商會朋友牽線，得知這棟老屋出售的消息。她回想當時見到這棟老屋的第一印象，直言：「就是煞著啦！（台語一見鍾情之意）」於是，她向銀行貸款，以每坪十多萬元，總價一千多萬買下這棟老屋。

個性豪爽的王麗萍人稱「萍姐」或「辣董」。

整修規劃

細心洗漆，找回老屋容顏

王麗萍接手這棟老屋時，已是第二任買主，因此產權清楚，水泥造的屋子結構也大致完善。唯一需要大幅修繕的，是屋內的窗戶和牆面，全因後人漆上大片天藍色油漆，突兀的色彩和建築洗鍊簡約的風格絲毫不搭，「簡直快昏倒！」王麗萍形容當時第一眼看到的感覺。

進行整修的第一步，就是去掉屋子的不當漆面。只是，王麗萍連續找了兩個工班，都沒有人肯答應。王麗萍解釋，傳統工班多半使用噴砂法，或是利用機器刨除漆面，儘管兩種方式都能夠找回原本的質地，卻連帶地會把屋子的歷史和時間遺留的風塵痕跡跟著去掉，因此，最能保留原樣的洗漆工法，卻少有師傅懂得施作。

最終，其中一組工班師傅有意嘗試，只是過去從未使用過類似工法，雙方不知如何估價。最後王麗萍和工班師傅協議：由師傅領著學徒小工，施工修繕，以日計費。老屋的修復工程終於有了著落，但房間才修了一間，工錢就已急速飆升，第一周請款費用高達十萬元。看到請款帳單後，王麗萍大吃一驚，一度想過是否暫停修復工程，並向公部門申請補助修繕開銷，然而申請流程曠日廢時，眼見屋子半新半舊，「頭都洗了一半了」，王麗萍乾脆硬著頭皮，靠著自己撐下去，最後總共花了五十萬元。

自稱是位「龜毛」的業主，王麗萍對美的要求也有不妥協的獨到見解。她認為求美，不難，就是在細節處講究，任何小處都不放過。為了襯托老屋的歷史感，王麗萍利用各式老物件，「老老」相映，因此屋內的沙發、檯燈、桌椅，或是頂上吊燈，甚至連招待客人的咖啡杯，都是王麗萍四處蒐集而來的老古董。「美麗，是一種力量。」王麗萍說。

虎尾厝沙龍入口長廊，上方有西式牛眼窗的設計。

屋外的庭院設計也大有來頭，像入口處的鋼雕圍牆，是王麗萍特地找上台灣藝術家王忠龍設計、價值上百萬元的大型藝術裝置；區隔鄰棟的枕木圍牆，也是她找尋阿里山廢棄鐵道枕木所設計；別人種樹，僅僅講究樹種，她卻連「樹的表情」也要在意，為了找尋合適的樹木，台灣花卉園藝盛產地、彰化田尾公路上的每家園藝店，她至少都跑過三次。

設計、整修，籌資，全都由王麗萍自己一手包辦，一方面是豪爽乾脆的個性使然，一方面也是明瞭每年雲林縣政府規劃用於舊屋修繕的預算，不過數十萬元，杯水車薪。沒有政府的經費奧援，王麗萍為這棟屋宅修復的標準也沒有下降，早已超過政府規定。例如，類似「虎尾厝沙龍」的老屋，有的為了使用方便，採用塑料防水，再外覆瓦片維持舊樣，但王麗萍仍堅持要用檜木片做為防水層，從裡到外維持傳統工法。

入口處的鋼雕圍牆，是台灣藝術家王忠龍所設計。

↑→屋內的沙發、檯燈、桌椅，或是頂上吊燈，連招待客人的咖啡杯，都是王麗萍四處蒐集而來的老古董。

為搭配虎尾厝沙龍的歷史，王麗萍特地選擇老古董來裝飾空間。

屋內五個不同用途的房間，處處都有日式建築的多窗設計。

來此點盞燈、看本書，虎尾厝沙龍希望雲林在地文化人、知識分子，都能齊聚分享。

營運

不賺錢的書店，要做精神的生產者

十五個月的整修工程，換來的是這處被命名為「虎尾厝沙龍」在巷內曖曖發光，但更重要的使命是，這棟老屋還肩負起雲林知識傳播和文化交流的作用。

王麗萍最初一見到屋子，就決定未來要成為一家獨立書店。她透露那是多年前就埋下的想法，二〇〇三年虎尾鎮唯一一間書店金石堂關閉，王麗萍便立下「若有機會要讓虎尾再有書店」的心願。因此，「虎尾厝」的名字馬上浮現在心中；而後頭的「沙龍」二字，則是關心女性議題的王麗萍，想到十七世紀一段難得由女性主導的西方文明史。在法國大革命爆發前夕，許多公爵、王爵夫人不甘做為傳統女性，時常邀集作家文人，共聚暢談，虎尾厝也要如法國大革命時期的沙龍般，能讓雲林在地文化人、知識分子，齊聚分享。

二〇一一年七月，虎尾厝沙龍獨立書店正式開張，主打「生態、性別與另類全球化」特色。然而，出版社多半聚集北部，南部僅有一家發行商，書籍進價僅能拿到原價的七折折扣，若再加上稅費，成本絲毫沒有優勢。好在，王麗萍和數家重點文史社科出版社都擁有私交，免去書籍的進貨、進價煩惱。

虎尾厝沙龍除了做為書店之外，每周至少舉辦三至四場講座，頻率很高，卻是場場爆滿；也舉辦過展覽、市集，豐富的文化活動主題多元，例如虎尾厝沙龍就曾經邀請台語詩人陳明仁分享台灣歌謠，又或者為高中生舉辦性別啟蒙講座，抑或舉辦「國際紀錄片影展」……，這些活動最初都不向參加者收費，直到近期才酌收部分費用。

儘管開張初期，書市尚未處於真正的谷底，經營一家獨立書店仍屬不易，關於客源該從哪兒來？這些，王麗萍早早擬定好了方針，她深知一家書店不可能滿足所有客人的需求和偏好。因此，從開張那天起，便鎖定雲林或周遭縣市一帶、關心公共議題的知識分子或是文化工作者為主要客群。尤其雲林文化資源相對

「虎尾厝沙龍」獨立書店主打「生態、性別與另類全球化」特色。

較少，她認為更有理由創辦這般的沙龍空間，「少數人的閱聽權利，一直是我多年來所強調的。從早年創辦地下電台，到今天的虎尾厝沙龍，都是如此。」王麗萍說。

成立至今，除了王麗萍為主要靈魂人物以外，虎尾厝沙龍的營運還聘請了兩位固定工作人員，每月開銷約在十萬元左右。王麗萍坦言，光靠賣書、店內提供的餐飲服務，並無法達成損益兩平。為了讓更多人進到書店，擴大公共議題的認識和串聯，未來王麗萍還打算調降店內的低消費用。

書店不賺錢，王麗萍絲毫不擔心，她笑言明白自己的個性，從小就是為「精神的生產者，務實的消費者」。最初虎尾厝沙龍的成立，公共使命本來就高過營利目標，因此，「只要虧損還在承受範圍內，我就會繼續做下去。」王麗萍對盈虧看得淡然。她認為自己是個幸運的人，尤其長年任職公職，累積許多人脈與資源，背後也有先生願意支持她的理念。然而，並不見得每位投入老屋修復營運的後進者，都能有這般條件。她建議，或許可以整合資源，利用彼此的長才相互奧援。而且，修復老屋沒有浪漫，要進駐前，屋況屋齡都要細細評估，而最重要的是老屋的營運，必然不能脫離生活。

牆上掛的「台灣查某出頭天」正是王麗萍的寫照。

虎尾厝沙龍除了做為書店外，也提供文化交流的平台。

文／劉婺楓 攝影／劉威震

虎尾厝沙龍

老屋創生帖

為少數者打造平等閱聽的權利，
在老屋致力文化交流、思想激盪。

王麗萍

老屋再利用建議

1.修復老屋沒有浪漫，要進駐前，屋況屋齡都要細細評估。
2.最重要的是老屋的營運，必然不能脫離生活。
3.可整合資源，利用彼此的長才相互奧援。

老屋檔案

平面配置

地址／雲林縣虎尾鎮民權路51巷3號
電話／05-6313826
開放時間／周四至周一10：00～17：30
（每周二、三公休）
文資身分／歷史建築
起建年分／1941年
原始用途／住宅
建物大小／100坪
再利用營運日期／2011年7月
建物所有權／私人
取得經營模式／購買
修繕費用／1,600多萬元
收入來源／餐飲70%、書籍銷售30%

餐飲 70%　書籍銷售 30%

起建年分 1962

一個活的博物館，讓老屋自己說故事

迪化二〇七博物館

台北市大同區迪化街一段207號

把老房子當作一個歷史舞台，
講述自己的故事。

————————————————**陳國慈**（現任主人）

迪化二〇七博物館是個有著豐富活化與營運經驗的年輕博物館。

台北市迪化街一段207號是一棟建於一九六二年的三層樓老街屋，前身是知名中藥鋪「廣和堂」，今在法律人陳國慈的活化營運下，成為一間社區小型博物館，以門號「迪化二〇七」為名，用老房子來說自己的故事。

陳國慈是公認台灣私人認養國家古蹟的第一人，自二〇〇二年起包括台北故事館、撫臺街洋樓等，都曾在她手上轉型改造，擁有古蹟再生十多年的經驗，她尤其鍾愛迪化街獨特的氛圍，想在這老城區推動老房子再利用，這個心願終於在二〇一六年，因買下這棟位於街區轉角的老屋，串起了她和大稻埕的緣分。

源起

創辦新博物館的養分，來自經驗的累積

陳國慈在認養台北故事館期間，從法令、行政、裝修、策展、經營各方面，都開創許多古蹟營運的先例，累積寶貴的經驗，個人形象與故事館營運皆備受讚譽，二〇一五年因接下國家表演藝術中心董事長一職，而結束了台北故事館長達十二年的營運期。「我的收穫很豐富，跟政府合作也很愉快，但也看到替政府看守古蹟的另外一面。其中最大的不確定性，按法律來看，是

經營者跟政府的合約每三年一續，我也一直續了四次。可是這個三年，對營運者來說卻是一種威脅。比如說，在每一個期限裡，我不敢做超過三年的計畫；聘人就更麻煩，例如第二年需要用人時，只能跟對方簽兩年約，因為我的約都不一定會繼續，怎敢跟人家簽長期約？」她一口清脆的國語略帶香港口音慢慢地解釋。

因此陳國慈打算用另一種更靈活、更持久的模式，重新推動心底念茲在茲的台灣古蹟新生。她看到台灣很多人喜愛老房子，也有很多人家裡有老房子，可是不知如何運用，所以她想合併幾個使命一起做做看。首先是推廣私人將自宅提供出來做小型博物館；其次，她觀察到各國已不流行蓋巨大的博物館，反而從老城區裡的老房子來尋找目標，讓老城區和房子雙雙活化，是股受歡迎的新興潮流。

一直鍾愛迪化街的她，認為迪化街是全台灣少有的一條「活」老街；「活」是指此地

建物正立面鐵窗上有前身「廣和藥行」字眼。（此照片為2015年瓦豆江佶洋作品《光曜》）

博物館騎樓磨石子地板上的蜜蜂採蜜圖案。

陳國慈公認是台灣私人認養國家古蹟的第一人，擁有古蹟再生十多年經驗。

的「原住民」都還在，許多百年藥店、南北貨店，都在此住了三、四代。於是她決定從這裡著手，在活的老城區中造一個活的博物館，「把它當作一個歷史舞台，讓老房子講述故事。我覺得這是台灣的每一個老城區，都應該去考慮的一個事情。」陳國慈說。

前身廣和堂藥鋪，現在「我們」的房子

可是在迪化街買房很難，因為少有房子出售，不是屋主捨不得，就是產權有問題，但陳國慈還是決心要買自己的房子，一勞永逸解決租賃續約的問題。找了一年多，終於聽說廣和堂藥鋪的房子要出售，讓她喜出望外。

「我早就注意到這個房子，因為與迪化街其他房子不大一樣，有一點點西式，別人是兩層，我們是三層；別人是斜頂，我們是平頂；別人轉角過去就是另一個店鋪，我們卻擁有整個轉角完整的店面。這個房子在二〇〇九年被指定為歷史建築，對於投資者來說被指定是扣分，但對我而言卻寶貝得不得了，因為私人能擁有的歷史建築真的不多。」陳國慈一談起這個房子，總是用「我們」稱呼，連人帶房一起親愛。

整修規劃

讓人走進來「看到老房子原貌」

老房子買下之後，想要轉變成新的博物館，硬體是第一個面臨的考驗。就連最基本的「電」，都有問題。

工程師報告：「這裡的電，大概只夠點十來個燈泡，然後發動一、二把電風扇。」讓陳國慈感到十分驚訝：「什麼意思啊？我的迪化街鄰居不是有開冷氣嗎？」

「哦，那是因為迪化街更新電纜時，這房子可能沒有人在，所以就跳過去了。」工程師說明。

陳國慈只好親自去台電公司申請電力，填十來張細瑣表格，過了三、四個月，台電團隊終於來了，從巷底牽一條特別的電纜來供電。在大夥歡欣鼓舞慶祝電通時，卻又意外發現會觸電。

「有一天，剛洗過磨石子地，還挺舒服的，我就脫了鞋子走來走去，覺得很好玩，踩到某個區域時，突然發現我整個腳底是

麻的。心想：糟糕了，我是不是中風了？」陳國慈生動地描述此生第一次觸電的經驗。就因為這次意外觸電，檢查之下才發現，屋裡的電線全都爛掉了，將整個房子管線全部換新，又花了快三個月。

對凡事謹慎小心的陳國慈，要求老屋整修要配合再利用需求，但保留老房子的原貌，所以十分講究細節。像門窗油漆本是特別的綠色，得調配多種綠顏料而成，經太陽下看、下雨天看、傍晚看，才定案顏色；五金零件已掉落，想保存原來的樣式和功能，就不得不到處找零件；並且新安裝的器具，必須「隱形」，不影響原貌。「老屋整修花了一年七個月。因春夏秋冬四季都經歷了，所以我知道季節在這裡的變化：哪裡太陽特別曬，要放什麼窗簾；哪裡風大，要設計什麼來擋。這一次我覺得準備時間很充足，因為不急，是自己的地方。」陳國慈一步步構築出心目中理想的所在。

陳國慈希望老屋整修要配合再利用需求，但保留老房子的原貌。

營運

以自家磨石子地，完成漂亮的第一擊

二〇一七年四月十五日「迪化二〇七博物館」正式開幕了。讓老房子說故事，展覽是最好的橋梁——首展「台灣磨石子」的主題，靈感便來自於自家的磨石子地。因展出備受好評，台北松山文創園區特別邀請做巡迴展，四周內累積近五萬參觀人次。從開館至今，迪化二〇七博物館已舉辦九場以老建築跟生活文化相關的展覽。

有了展覽更需要生動的導覽解說，迪化二〇七博物館除陳國慈外，有館長和正職人員分別擔任各功能主管、五位兼職導覽人員及六十五位導覽志工，輪流在開館日服務。二〇一七年開館至今兩年內已有二十二萬人次參觀，豐沛的參觀人數反應的是一個博物館的經營策略，如何讓人一來再來，也考驗著團隊的

博物館頂樓觀景區，可眺望迪化街傳統紅瓦的屋頂。

2017年正式開幕展出的「台灣磨石子」主題，大受歡迎。

活力以及與時代的脈動是否契合。而經營台北故事館多年，陳國慈自身累積的信用，讓收藏家們更樂於參與策展，這種信任感隨之來到迪化二〇七博物館，也讓陳國慈感激得不得了。

從籌備開館到漂亮的第一擊，陳國慈特別感謝合作默契極高的工作夥伴：「我最幸運的是團隊皆為台北故事館的老同事，他們一聽到迪化二〇七的計畫，雖然各自都已有很好的工作，但都回來了。」包含開館時第一批志工也有十多位為台北故事館時期的老夥伴，「志工的經營和經營博物館一樣需要專業，除了志願服務法的基本規定外，我們更重視與志工每一次見面的機會，例如每天執勤前會說明今天預計的事情，結束時會再次檢討，每天至少兩次與志工接觸，更利用休息時間討論民眾參觀狀況，也不忘藉由特展進行考核。」陳國慈強調迪化二〇七博物館團隊的認真，志工亦看在眼底，放進心底。

精準設定參觀族群，讓人一來再來

營運博物館不僅要做好分內事，收納民眾意見更是重要，「我們每半年做一次問卷調查，認識這個館而來的已超過百分之五十，目前回客率約有百分之二十，這數據讓我相當歡喜，表示大家已知道這裡展覽內容時常更新，所以不會只來一次。」陳國慈說很多再生古蹟的問題，就是參觀民眾到過一次就覺得來過了，不會想再來，而迪化二〇七博物館卻是個活的平台，一年有四場展覽加上講座活動，這樣源源不絕的活力，吸引大家很有意願再回到這棟老房子。另外一個讓陳國慈很有感的數據，是參觀年齡平均在三十到四十歲之間，正是她所瞄準的推廣目標。「這是我們要的年齡層，代表三代：上有父母，下有孩子。希望強化宣導，讓年輕人發現老房子的可愛，然後願意來這裡爬上爬下，玩得開心。年輕化是我們的使命，也因營運台北故事館時期累積的經驗，讓我們這一次精準切入目標。」

關於「不收費」，有各種考量

迪化二〇七博物館不收參觀費，不免令人擔心博物館如何維持營運。對此，陳國慈坦

2019年「舊的不去」修補展於騎樓下舉辦開幕活動。

言：「我不是完全不在乎錢，但要考慮到利弊，一收費就得多請人來管理這個系統，然後又要報稅，產生一大堆後續。最重要的是，不必為了幾十元而壞了在迪化街逛街的遊興與情緒，不值得！」因此不收費、不做募款也不找會員，是迪化二〇七博物館的營運策略。陳國慈幽默地形容，募款活動最後會淪落為對朋友的壓力，資金雖主要來自她個人贊助，但她很歡迎跟其他單位合作舉辦展覽與藝文活動，透過成本分攤整合資源，一起推廣老房子活化的理念；也向政府申請所提供的私有古蹟補助，這亦是做事者的美好權利。她說：「這是自己心甘情願的，要有心理準備：我永遠是這個館的安全網。我們要努力開發資源，但不能依賴社會大眾給予長期捐款。這是不切實際的。」

目前，工作團隊除了完善營運迪化二〇七博物館的空間，也積極努力策劃巡迴展，增加展覽的參觀民眾與效能，像是「你的風景我家門窗」特展，台北展完後移師台南，與台南市政府的「臺南文資建材銀行」合作，讓南北不同區域的民眾得以分享展出內容，促進和其他單位合作交流。此外，為了鼓勵社會大眾參與老房子活化，迪化二〇七博物館也企劃執行這一本談老屋新生的書籍，藉由台灣二十五處老房子新利用的案例，從各種運作的可能性中找到一些靈感，陳國慈戲稱這是一本「老房子的食譜」。

迪化二〇七博物館是個有著豐富活化與營運經驗的年輕博物館，近二年所釋放出的能量與創意，已讓迪化街北街（有別於永樂市場所在的南街）更加精力充沛。陳國慈期待迪化二〇七博物館的活化模式，能夠帶給各界參考，讓更多營運老房子的人能夠一起熱鬧的、愉快的投入。

文／曾淑美　攝影／范文芳

「你的風景我家門窗」特展，台北展完後移師台南，讓南北不同區域的民眾得以分享展出內容。

「無所不在的藝術—台灣磨石子」特展移展至松山文創園區。

迪化二〇七博物館

老屋創生帖

在活的老城區中，
用老房子營造一個活的博物館，
講述自己的故事。

陳國慈

老屋再利用建議

1. 老屋整修要盡量做到讓人「看到老房子的原貌」。
2. 老屋再利用需要有非常明確的目標，於再利用整修規劃時，才能發揮每個空間的最大效益。
3. 政府各單位皆有針對老屋再利用的補助計畫，可從中尋找合適的補助計畫申請經費。

老屋檔案

樓層分布圖

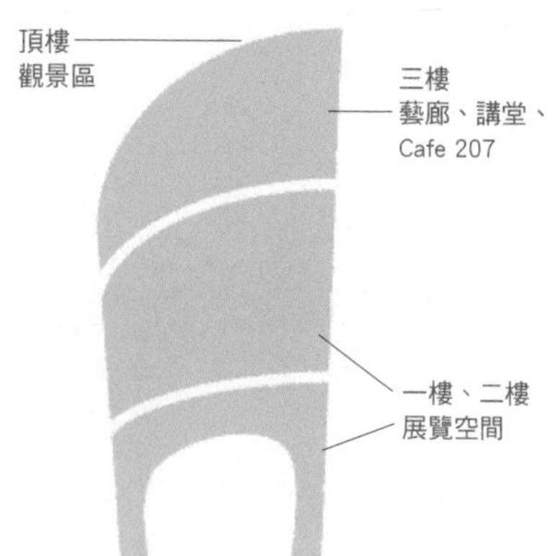

地址／台北市大同區迪化街一段207號
電話／02-25573680
開放時間／周一至周五（周二休館）10：00～17：00；周六、日及國定假日10：00～17：30
起建年分／1962年
文資身分／歷史建築
原始用途／中藥鋪兼住宅
建物大小／約100坪
再利用營運日期／2017年04月
建物所有權／私人
取得經營模式／購買
修繕費用／約800萬元
收入來源／個人贊助70%、政府補助計畫30%

個人贊助 70%　政府補助計畫 30%

（圖片提供／台原亞洲偶戲博物館）

起建年分 1918

在大稻埕
實踐偶戲大夢

台原亞洲偶戲博物館與納豆劇場

台北市西寧北路79-1號（台原亞洲偶戲博物館）

台北市西寧北路79號（納豆劇場）

我很喜歡待在有舊氛圍的屋子裡，去咖啡廳也愛找老屋空間。
後來因緣際會落腳大稻埕，感覺很自在，
就像回到母親子宮一般。
——————————**林經甫**（現任主人）

在台北舊城區大稻埕，與熱鬧的迪化街僅一街之隔的西寧北路上，紅磚建築「納豆劇場」與綠樹相映，比鄰的「台原亞洲偶戲博物館」則為磁磚立面的現代主義洋樓，從一樓的玻璃門面就可見到明亮的室內、聚光燈下吸睛的戲偶。佇立在大稻埕的這兩棟建築物，是從日治時期「進春茶行」的製茶工廠與倉庫活化改造而來，為婦產科醫師林經甫所擘畫推動，也是融合在地布袋戲歷史最具體的存在。

源起

開啟戲偶收藏的不歸路

林經甫的偶戲大夢，自四十歲後開始萌發，他不僅成立台原出版社、臺原藝術文化基金會，展出收藏的偶戲博物館也兩度擴張。林經甫本業與戲劇沾不上邊，也非偶戲研究專家，但他對戲偶收藏的熱情，卻已化為內在的使命。「我一向從文化的角度思考，而且性格不認輸，只要投身一件事，就要一路拚到底。」

一九八〇年代初，林經甫偶然在日本的古董店、博物館發現十幾尊台灣傳統布袋戲偶與六角棚戲台，瞬間勾起童年時隨阿姑在台南戲院看布袋戲的情景。這份悸動一直延續到一九八九年，他重返日本橫濱，大手筆買下古董店中所有布袋戲偶，又透過關係買回真西園劇團早期流落到日本的戲台，從此開啟收藏不歸路，至今耗資上億，所藏戲偶多達上萬尊。

創辦偶戲館，老宅變身戲偶展示室

早在「老屋新生」成為流行、大稻埕蛻變為知名文創街區的千禧年左右，林經甫便在民樂街成立「大稻埕偶戲館」，即今「台原亞洲偶戲博物館」的前身，更開風氣之先，聘請荷蘭籍偶戲研究者羅斌擔任館長，兩人合力打造國際化的偶戲博物館，同時創辦「台原偶戲團」、「納豆劇團」，演出原創的偶戲劇目。

「我在台北市中山區長大，生活在現代住宅裡，但不知為何很喜歡待在有舊氛圍的屋子裡，去咖啡廳也愛找老屋空間。後來因緣際會落腳大稻埕，感覺很自在，就像回到母親子宮一般。」林經甫感性的說。

幾年後，因原偶戲館的空間不敷使用，於是他另尋他屋，買下西寧北路現址、原為周氏家族「進春茶行」的部分建築，包括原建於一九一八年的磚瓦木造製茶工廠，與兩棟一九三〇年代興建的洋風茶棧（茶葉倉庫）。

「進春茶行」的創辦人周卯，為當時台灣茶商行銷泰國市場的第一人。茶行成立同年，周卯在迪化街72巷25號（後來馬路拓寬，原址門牌改為西寧北路79號）興建「製茶工廠」（今納豆劇場），為傳統一層樓閩式建築，夾層為儲物空間或居室。與工廠相通、位於今西寧北路79之1至79之3號的茶棧（今台原亞洲偶戲博物館、臺原藝術文化基金會），則是一九三一年所蓋，磚混凝土、洗石子立面的四層洋樓，當時做為茶葉倉庫使用。林經甫透露，曾將台茶外銷歐美的大稻埕茶葉鉅子李春生是他母親石錦華的外祖父，透過母親與大稻埕的淵源，他從周氏後代手中購得老屋。

林經甫每次進納豆劇場，便喜歡找個位置坐下、往椅背一仰，自在地感受整個空間。

台原亞洲偶戲博物館為磚混凝土、洗石子立面的四層洋樓，原做為茶葉倉庫使用。

林經甫回想當初，大稻埕一帶屋主大多守住代代相傳的老家，出售率很低，他能覓得這幾幢老屋，全靠緣分。「當我一眼看到房子，就直覺這是我的未來。」他原本想將茶棧三連棟一起買下，但中間棟的現任屋主不想出售，「所以現在博物館與基金會中間相隔一棟，是最大的缺憾。」

整修規劃

保留老屋味道為原則

與西寧北路平行的，東為迪化街，是條人潮熙攘的南北貨老街；西為貴德街，聚集了布莊、茶行。這條路上的老屋幾已拆除殆盡，如周進春茶行般保存良好的日治時期建築，實屬難得。

將年久失修的茶棧變身為偶戲博物館，是件大工程。全程參與改造的館長羅斌回憶：「當時茶棧連屋頂都快倒了。」整修時把屋頂

紅磚建築的「納豆劇場」。

偶戲館保留老厝磨石子階梯。

← 納豆劇場二樓工作走道、燈架以及波浪形的觀眾席。

上的木梁換成鋼製，腐朽的木地板改鋪磁磚。而最能代表老厝的舊物件，則是連通四層樓為了節省空間而偏陡設計的轉角樓梯，至今仍保留磨石子與木造的結構。如今雖然走來略顯陡峭不便，羅斌堅持：「這就是老屋原有的味道。」

「納豆劇場」原是製茶工廠，建築年代比茶棧更加久遠，修復過程更加曠時費力，今日還留有日治時期的紅磚、洗石子殘蹟、石造的牆基與木造梁架等，「我認為大稻埕最美的就是閩南式建築，我們也從這方向修復它。」林經甫與徐裕健建築師合作，讓大面積紅磚露出，成為現在整棟建築最亮眼之處。為了配合劇場空間的需求，走道上方設置多處舞台燈光設備所需的絲瓜棚、燈桿及天車；一樓的觀眾席設計成波浪形起伏的成排座椅，約可容納五十至六十位觀眾。

二樓陳列偶頭雕刻大師江加走的作品；另一個展示間為「醜容院」解釋現代劇場的喜劇元素。

偶戲館一樓特展區，為布袋戲國寶大師陳錫煌過去坐鎮之地。

營運

推廣與傳承並重，老師傅現場坐鎮

二〇〇五年，大稻埕偶戲館正式從民樂街搬遷進駐現址。林經甫將茶棧其中一棟改造為博物館，原紀念他父親取名「林柳新紀念偶戲博物館」，二〇一五年更名為「台原亞洲偶戲博物館」；另一棟為臺原藝術文化基金會辦公室。製茶工廠則做為「納豆劇場」表演廳，原本為劇團自己使用，二〇一二年申請文化局補助重新整修後，今已對外營運，歡迎各界劇團租借使用。

目前博物館規劃有常設展、特展、特展室等，一樓左側的大窗口內，除了是特展空間，過去也曾長年延請布袋戲大師陳錫煌駐館，每天固定在這裡教學、雕製戲偶，並參與館內的劇團演出。邀請大師坐鎮，顯現博物館對布袋戲推廣與傳承的決心。

如今二樓中央的「鎮館之寶」，便是林經甫從日本「救」回的真西園百年老戲台。他回憶當年彩樓回台時，特地邀請戲團創辦人王炎參觀，「他一摸到這熟悉的戲台，馬上流下淚來。」戲台對面，陳列偶頭雕刻大師江加走的作品；另一個展示間則以幻麗的化妝鏡搭造成戲劇化空間，解釋現代劇場的喜劇元素。三樓展示了戲劇之神田都元帥的供壇、世界各類型木偶的傀儡館，與示範教學用的小戲台。四樓陽台則重現越南水傀儡演出的水塘場景，供參觀者親身體驗操作。博物館致力展示與教學，多年來迎接了無數參觀團體，孩子更是對戲偶大感驚奇；老屋與沒落的布袋戲彷彿共生，讓人緬懷那個逝去的時代。

不只是靜態紀念，也要活的保存

對於戲偶，林經甫想做的不只是靜態的紀念，台原偶戲團與納豆劇團的演出便是「活」的保存，多年來在羅斌的領軍下，以北部傳統布袋戲結合在地戲曲、京劇技巧，融合藝師、樂師及畫家們的創意，已打造《大稻埕的老鼠娶新娘》、《馬克・波羅》、《絲戀》等十多齣經典偶劇，在國內、甚至國際上五十多個國家地區演出，希望藉由生動的表演，讓民眾得以感受到布

三樓為展出世界各類型戲偶的傀儡館，包括台灣金光布袋戲偶、皮影戲偶、魁儡戲偶等。

納豆劇場與偶戲館建築外的裝飾。

二樓中央的「鎮館之寶」，是林經甫從日本「救」回的真西園老戲台。（圖片提供／台原亞洲偶戲博物館）

袋戲文化的魅力，種下對偶戲難以忘懷的愛。過去的偶戲館努力成為國內外的偶戲平台，藉由展覽、演出、演講、受訪進行推廣工作，收入主要來自參觀、演出門票與政府補助、企業贊助等，鼎盛時期偶戲館、劇團、基金會約有十五名員工，但現人力刪減至七人。林經甫語重心長說：「隨著年紀增長，我的責任感多過成就感，如何照顧、傳承偶戲館，是最大課題。」羅斌也坦言，偶戲地位在文化圈邊緣，近年處境每況愈下，對此他相當感傷無奈。近二十年來林經甫幾乎自掏腰包維持營運，目前偶戲館以參觀、教育為主的階段性目標已達成，他決定未來要轉型為「數位典藏」，「畢竟展示的空間有限，我想把上萬尊收藏戲偶全部拍照建檔，開放給全世界線上利用；實體偶除了展出之外，也希望結合現代美術、藝術甚至流行音樂，做各種創意的演出。」

針對古蹟活用，他認為目前官方的補助為集體式公平，他建議針對不同的產業，補助標準和比例應該不同，不能把餐廳、博物館混為一談，林經甫也提到近年台灣文創發展「逐漸被客戶綁架」，理想性消失，因此他對大稻埕的街區發展另有想法：「我想做大稻埕的文化改造，一定要有創意，但是……現在先保密！」他眼睛一眨，彷彿華麗的藍圖就在眼前。

偶戲館是小朋友校外教學的好所在。

文／林欣誼　攝影／曾國祥

戲偶人生

台原亞洲偶戲博物館與納豆劇場

老屋創生帖

翻轉原建築功能，讓偶戲在發源地新生。

林經甫

老屋再利用建議

1. 修復方向可讓老屋（納豆劇場）的大面積紅磚牆露出，以保留閩南式建築風味。
2. 整修老屋時，應盡量保留能代表老厝原有味道的舊物件。
3. 針對不同產業，公部門古蹟活用的補助標準和比例應該有所不同。

老屋檔案

台原亞洲偶戲博物館一樓平面配置

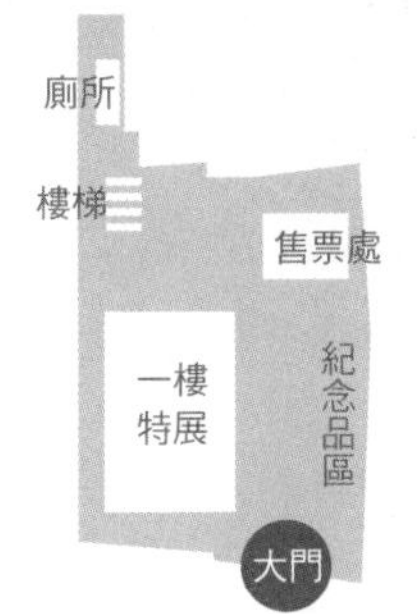

納豆劇場平面配置

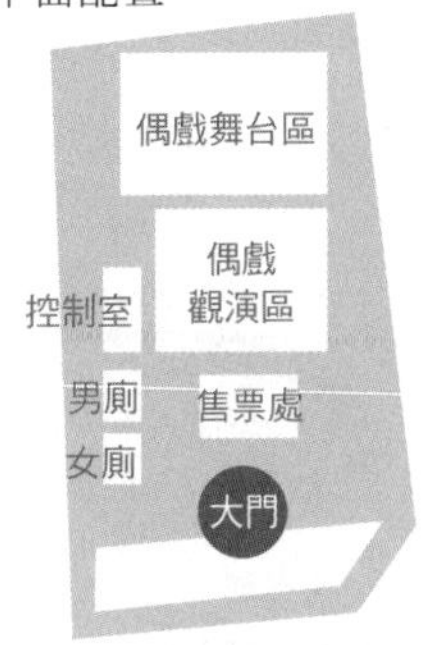

地址／台北市西寧北路79-1號（台原亞洲偶戲博物館）台北市西寧北路79號（納豆劇場）
電話／02-25568909
開放時間／周二至周日10：00～17：00
（周一及國定假日休館）
文資身分／歷史建築
起建年分／茶棧（茶葉倉庫）1931年；
製茶工廠1918年
原始用途／茶葉倉庫、製茶工廠
建物大小／200坪（含79-1號偶戲博物館、79-3號基金會、79號納豆劇場）
再利用營運日期／2005年11月（西寧北路現址）
建物所有權／私人
取得經營模式／購買
修繕費用／約1,258萬元
收入來源／參觀、門票、政府補助、企業贊助約50～80%；林經甫贊助約20～50%

參觀、門票、政府補助、企業贊助 50～80%%	林經甫贊助 約 20～50%%

起建年分
1937

茶廠開門，訴説茶產業的故事

臺紅茶業文化館

新竹縣關西鎮中山路73號

文化館的核心價值是產業，
唯有根植於產業裡，
一起脈動才有價值。

——————————**羅一倫**（臺紅茶業文化館館長）

透過臺紅茶業文化館可認識關西，了解幾乎被遺忘的茶業發展歷程及老茶廠存在的時代意義。

就算每年只有四到五次，每次二十幾天，一年中只有一百多天讓茶廠機器運作，這座有八十年歷史的新竹關西老茶廠，仍然堅持讓老員工持續製茶。畢竟，「我們是活著的產業文化館」，昔日臺灣紅茶株式會社、今轉型為臺紅茶業文化館的關西羅氏家族第四代羅一倫說。

源起

外銷台灣茶，至今不忘製茶傳承

關西種茶、產茶、製茶歷史悠久，羅氏家族是主要成員之一。早在一九二〇年代，羅氏族人紛紛在關西開工廠製茶，為了突破台灣市場限制，一九三七年家族數家茶廠集資在此成立「臺灣紅茶株式會社」，直接將關西產製的茶外銷到世界五大洲，多達八十多個港口。

「台灣茶是外銷導向，國外市場需要什麼茶，我們就做什麼，機械化製茶每天產量可高達上萬公斤。」羅氏家族第三代、臺灣紅茶公司董事長羅慶士說。然而外銷茶的好成績約於一九八〇年代逐漸減少，老廠房開工時間也少，現今每年只約三分之一時間生產綠茶粉，屬於台灣茶的黃金時光已經走遠。

羅氏家族第三代羅慶士夫婦與第四代羅一倫合影。

羅氏家族也長年參與關西地方的政治經濟活動，在地重要人事均和茶廠有關，羅慶士於是興起將老照片保留做紀錄的念頭。正好二〇〇五年因文建會辦理活動，文化界人士參觀茶廠，肯定建築與產業的價值；羅家開始參與社區總體營造，並成為地方文化館，維持了十年，直到二〇一六年才暫緩腳步。

整修規劃

從保留影像開始，讓老房子化身產業文化館

臺灣紅茶公司的茶工廠共有兩棟建築物，一為紅磚老建築、一為新建鋼筋水泥建築。一九三七年起建的紅磚主樓，因道路拓寬被部分拆除，加之左側木結構老舊也拆掉，一九九九年便於原地依原外觀與建新的鋼筋水泥建築，和紅磚屋並列。由於老房子主體結構不完整，讓原來的建築執照被廢除，導致工廠一時無合法執照，經過爭取，終取得新竹縣第一張整修後剩餘建築物使用許可，第〇〇〇一號。

要把茶廠變成展場文化館可沒那麼容易，第一關，工廠最講究的是公共安全，轉換成開放的展場，使用要求完全不同，得大調整；二〇〇七年紅磚建築被指定為歷史建築，消防水電並不

臺紅茶業文化館是一間活的產業博物館，至今仍在持續製茶。

倉庫牆上掛滿了早期外銷用的茶箱金屬麥頭，上面寫著各國城市名稱，可一窺當年茶產業的出口盛況。

捨不得丟棄的廠房老物件以不同的方式重回現場。

一樓展場的綠色鑄鐵大門，是倉庫被拆除的物件，現今在門裡放影片播放，賦予「工廠開門」之名。

符合規範，因此再完成因應計畫；也曾有人建議改成法人經營，但畢竟臺灣紅茶公司是依公司法規定設立的，是公司的資產、股東的財產，若變成法人所屬，則無法營運。政府部門曾提出補助三千萬進行大整修，羅氏家族幾經考慮也拒絕了，羅一倫說：「我們是公司，沒有營運就沒有收入，停掉一年整修，工程浩大，文化館的核心價值是產業，文化館唯有根植於產業裡一起脈動才有價值。且粉塵飄盪會影響生產機械，影響屬於食品業的茶廠。」為讓人了解製茶廠如何跨出台灣、走向世界茶市場，二〇〇三年自美返台的羅一倫，閒暇時間就投入茶廠展場規劃。

二〇〇五年起文化館正式成立，先在一九九九年修築的建築中策劃特展，另棟歷史建築並不急躁式整修，羅一倫認為老東西一旦失去韻味就再也回不來了，保留機械器物，不做太多的變化，盡量保存空間感。臺紅茶業文化館的展場設計、文字撰寫皆由羅一倫起草，再和姐姐羅怡華琢磨討論，兩人就是一個核心團隊撐起全場，都有著正職工作的兩人，輪流請假執行。只要設置好基礎規格，就能讓家族成員參與。

在展場設計時，優先取用原來因拓路被拆除、且捨不得丟棄的廠房構件；工廠老物件重見天日，以不同方式重回現場，像

↑↓文化館內的老照片與文物展示，述說關西在地產業、歷史與文化。

一樓展場的綠色鑄鐵大門，是倉庫被拆除的物件，現今在門裡放了影片播放，賦予「工廠開門」之名，既保存又展示，更具設計感。展場主設計採用雨淋板概念，即從原建築有的元素延伸。一樓展場造型特殊的展示架，也是自己畫圖、買材料，再請工廠的老鐵工焊出來，跟茶廠建築氛圍很合拍。

營運

老員工帶導覽，傳播親身經驗的茶廠過往

經過層層關卡修正，二〇〇五年十二月二十四日臺紅茶業文化館終於成立，門市同時開放，特別選用「茶業」兩字，強調茶產業，而不是訴求茶葉。透過文化館可認識關西，了解幾乎被遺忘的茶業發展歷程及老茶廠存在的時代意義，成為「關西的客廳、茶產業文化的大門」。

基本上文化館與茶廠猶如一體兩面，本身是科技法律人的羅一倫，在家族使命感下，工作之餘投入文化館的創設與展覽策劃，每張老照片的說明與文物展示，都是羅一倫與姐姐羅怡華十年辛苦努力與累積出來的成果；現場導覽人員都屬茶廠員工，他們以自己親身參與的茶產業經驗介紹，讓民眾深深有感。而有特色的大型特展，比較容易吸引外界與媒體報導。

臺紅茶業文化館原本不收費，後因參觀者日增而導入收費機制，現在一次收費一百元，限定最多一百人次，每次停留至少一小時，讓遊客不來去匆匆，可以更加了解文化館特色，最後再坐下來泡飲一盅綠茶，更能認識這個產業。

尋求外界資源，拒絕煙火式節慶活動

經費哪裡來？茶廠既已被外界視為夕陽產業，能投入的資源極為有限，羅一倫既然有了清楚的文化館想法，接著就透過撰寫計畫案方式，初始嘗試從新竹縣政府或文建會提案申請補助，透過數年分階段規劃建置，從無到有逐步改造老茶廠，主題朝向述說在地產業、歷史與文化，讓茶廠不再封閉，成為對公眾開放的場域，但到二〇一六年，地方文化館如雨後春筍般出現，政策慢慢偏向以節慶式的活動居多，對走研究深化路線的臺紅茶業文化

臺紅茶業文化館的茶廠音樂會，是關西小鎮的盛事。（圖片提供／臺紅茶業文化館）

館而言，是否真的是期望的方向？或許是重新思考步伐與定位之際，因此羅一倫毅然讓老茶廠暫時退出地方文化館行列，嘗試以自己的方式繼續前進。

其中，在老茶廠裡舉辦音樂會，特別受到關西在地人的期待。舉辦已達十年的茶廠音樂會，起因是二〇〇五年羅慶士日本友人之子到台灣演講，也來茶廠拜訪，該如何接待這位音樂家最好？最後請他到茶廠辦場音樂會，當時小鎮少有這類型活動，吸引了將近二百人來，盛況空前。老廠房二樓場域頗適合音樂演出，陸續也邀請過張正傑、葉樹涵、陳建安等知名音樂家，老茶廠裡的音樂會成為小鎮的盛事。羅一倫說，臺紅茶業文化館是個靜態的展示館，來參觀的多是口耳相傳的外地客，舉辦音樂會則吸引關西在地人來，讓文化館與在地聯結更加美好。

深化專業，跨出關西找合作

關於臺紅茶業文化館的營運面向，羅一倫很清楚的訂了目標，他說：「工廠製茶不能少，每年持續外銷，我們是產業館，只專心談茶這件事，茶是茶廠的命脈；文化館是在地的，會和地方結合呈現關西發展的軌跡；客家庄和茶產業有一定關聯性，會持續探討和客家族群相關的文史。」營運路線定調清晰、主題概念也不缺，羅一倫笑說，只有經費不足問題而已。

在關西小鎮營運臺紅茶業文化館近十年，二〇一六年，羅一倫到台灣大學舉辦以台灣外銷茶為主題的特展，突破關西的地域侷限，讓更多人認識臺紅茶業文化館，擴大效益；累積於文化館的歷史與文化專業。新北市三峽的大板根國際渡假酒店所在區域早年為三井株式會社的大豹製茶廠，留有百年發動機；酒店經營者參觀過文化館後，非常有興趣探索該段歷史，委託文化館協助規劃設計大板根茶業歷史文化館，完成茶與茶的文化串聯。

長遠來看，羅一倫期望臺紅茶業文化館成為認識台灣茶的地方，但這個期待更需長遠規劃；實質營運的公司搭配推廣為主的文化館，讓茶廠員工於製茶時間外支援文化館導覽，這處以產業為主的文化館，茶香將持續瀰漫。

文／葉益青 攝影／劉威震

早期做貿易時的打字機是茶廠直接去函美國進口的，台灣沒有賣，這是台灣茶貿易的見證。

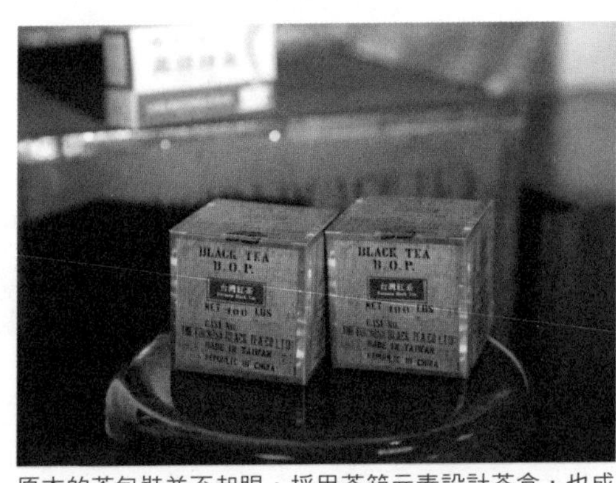

原本的茶包裝並不起眼，採用茶箱元素設計茶盒，也成為文化館的延伸，後來也推出茶箱特展。

1930年代關西連一家銀行都沒有，茶廠因需要大量現金交易，所以保險箱是重要成員。

臺紅茶業文化館

老屋創生帖

讓老茶廠化身為產業文化館，
讓老屋氛圍自己說故事。

羅一倫

老屋再利用建議

1. 和地方結合，串聯產業，呈現地方發展的軌跡。
2. 要清楚定位，堅持深入的、專業的產業研究與累積。
3. 口碑最重要，口耳相傳是小眾最好的傳播方式。

老屋檔案

平面配置

一樓

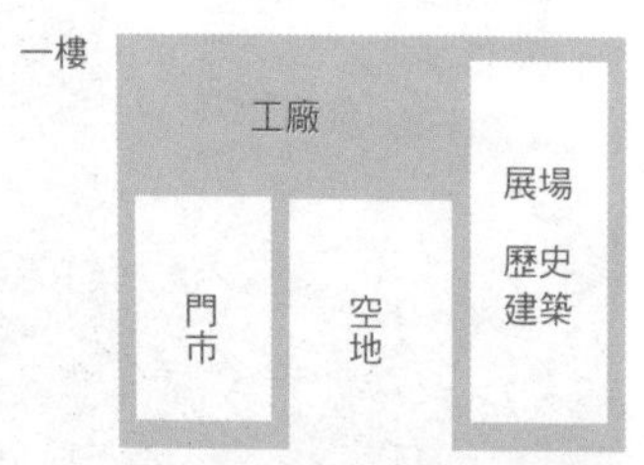

二樓

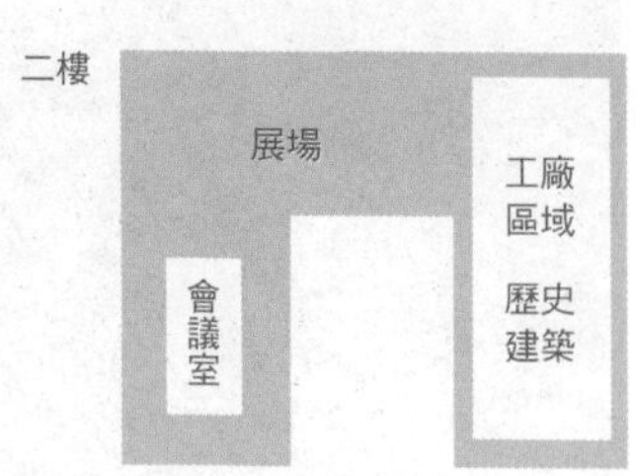

地址／新竹縣關西鎮中山路73號
電話／03-5872018
開放時間／周一至周日9：00～17：00
文資身分／歷史建築
起建年分／1937年
原始用途／工廠
建物大小／1000坪
再利用營運日期／2005年12月
建物所有權／臺灣紅茶股份有限公司
取得經營模式／自用
修繕費用／約數百萬
收入來源／茶葉與茶產品銷售80%、導覽及其他20%

茶葉與茶產品銷售 80%　導覽及其他 20%

TEA·REVIVES·THE·WORLD
茶裡看世界。福爾摩莎茶的故事

KOW-SUN SALTED
(MAKOMO)
POUCHONG TEA
STATOR
TSUBO
COARSE TEA

（攝影／蔡詩凡，中強光電基金會提供）

起建年分 1958

向土地學習，
用藝術回饋大地

池上穀倉藝術館

台東縣池上鄉中西三路6號

未來駐村的藝術家都將成為池上校園的風景，
帶著孩子們認識不同的藝術，
這是培養創造力的起點。

——**柯文昌**（台灣好基金會董事長）

（攝影／蔡詩凡，中強光電基金會提供）

以池上在地的樸實精神設計改建，保留穀倉原有的木結構，以鋼構加強，開氣窗引進自然光，創造綠色建築，延續池上農民們尊重自然、愛護土地的心。

不同於其他博物館，池上穀倉藝術館的出現不是一時興起的決定，而是一路走來累積了十年的成果。

過去二十年，沒有人不知道池上，因為有一個飯盒的品牌叫做「池上便當」，所以知道池上有好米。但是，少有人真正知道池上在哪裡，她只是靜靜地隱蔽在花東縱谷之間。二〇一五年台灣好基金會在此成立「池上藝術村」，從認養老房子開始，將閒置空間修整再利用，邀請藝術家駐村，讓人看到偏遠小鎮充沛的藝術活力。為了讓藝術能深深根植於這片土地上，基金會進一步又想為池上留下一間藝術館，就這樣，從一棟六十年的老穀倉慢慢長出了藝術新芽，讓池上從米之鄉轉變為文化之鄉。

源起

隱蔽在花東縱谷的池上小鎮

二〇〇九年春天，普訊創投董事長柯文昌成立了「台灣好基金會」，以鄉鎮文化為底，豐富生活、觀光、產業的能量，希望讓每一位台灣人和來到台灣的人，都能體會台灣的風景、善良的人情和深層的文化。

台東池上擁有得天獨厚的地理環境，藍天青山與幻化的白雲，以及一百七十五公頃被指定為文化景觀的金黃色稻田，融合美麗景觀與醇厚人文，柯文昌以這裡做為推動「企業家回鄉共好」的起點，「台灣好基金會是一個平台，結合更多的力量回到鄉鎮，才能永續、豐實。」於是台灣好基金會的同仁們於二〇〇九年落腳池上，開始了十年的耕耘。

以農村生活節奏創造了「池上四季」

一切是從「池上四季」活動開始。為讓遊客一年多次來到池上，欣賞四季更迭的景色，甚至在池上停留，細細發掘當地居民的熱情和人文，而不是吃完便當就離開。台灣好基金會與池上在地夥伴一起動腦、討論，規劃出符合池上傳統農家作息的「四季活動」，創造了春耕－野餐節、夏耘－辦桌、秋收－藝術節、冬藏－文化講座，春天可以在大坡池畔與詩人享受節氣之始；夏天享用客家農夫用米做的各色美食；秋天在藍天青山白雲與金黃色的稻浪間，用歌聲與舞蹈向天地致敬；冬天的文化講座則和在地鄉親一起蓄積來年的能量。

二〇〇九年第一場秋收，鋼琴家陳冠宇在金色稻浪中演奏的畫面，登上美國《時代雜誌》網站，獲選當周全世界最美影像，一舉將池上的人文美景送上國際舞台，也讓「最在地的也是最國際的」不再只是口號。「池上秋收稻穗藝術節」一辦十年，落地生根，成為池上的品牌，更是台灣地方創生的指標案例。

打造台灣的「巴比松村」——池上藝術村

二〇一五年台灣好基金會決定再往深處走，在池上老街、大埔村，以及把一百七十五公頃稻田列入「文化景觀」的萬安村、錦園村，認養多棟閒置的老房子，以「聚落」型態，打造台灣的「巴比松村」——池上藝術村，並且邀請蔣勳擔任總顧問和首位駐村藝術家，讓藝術家可以在池上靜心思考、創作，同時與社區居民生活、互動，貼近土地。柯文昌說：「未來駐村的藝術家都將成為池上校園的風景，帶著孩子們認識不同的藝術，與孩子們一起嘗試各種型態的藝術創作，不拘形式，這是培養創造力的起點。」

在藝術村計畫展開籌備時，「為池上留下一間藝術館」的念頭也開始醞釀，這是柯文昌和池上鄉親的約定。但是，池上需要藝術館嗎？如果是池上的藝術館，會是怎樣的一間藝術館？這個問題在台灣好辦公室的會議裡不斷出現，在台北與池上的時空距離下反覆討論，最後得到一個結論，那就是「池上的藝術館應該與池上土地緊密聯結」。於是，放下了興建全新建築物的想法，決定尋找合適的老空間。

台灣第一個由居民共識凝聚的藝術館

在台東池上中山路與中西三路的街角，有一棟走過一甲子歲月帶著滄桑容貌的老穀倉，這間老穀倉屬於多力米公司梁正賢所有。當他知道台灣好基金會想以老穀倉為基礎修建成池上的藝術館，二話不說，不僅提供穀倉，同時也支持藝術館修建的經費。另一方面，柯文昌也邀請好朋友復華投信董事長杜俊雄回老家台東，支持池上藝術館的營運經費。有了老屋、企業的支持，再加上台灣好基金會這個大平台，二〇一六年池上藝術館的籌備正式展開。

整修規劃

一甲子歲月的老穀倉，華麗變身

為了將藝術館的根深深紮在池上泥土裡，讓藝術館與池上人的生活緊緊相繫，台灣好基金會邀請元智大學藝術與設計學系陳冠華老師負責穀倉的改建。陳冠華以一年的時間帶領學生團隊進行規劃設計，與池上鄉親們一起生活，透過工作坊、活動、訪談尋找池上的共同記憶，發現在地的精神、美學。最後選擇以在地樸實的風格改建老穀倉——保留原有的木結構再以鋼構強化，並施作屋瓦隔熱，成就了台灣第一個由居民共識凝聚的藝術館。

穀倉不大，在陳冠華的規劃下，將最大的空間做為主展廳，一大兩小的展覽空間可以是單件作品呈現，也可以做為主題展區。入門大廳開了美麗的圓窗，左牆則有蔣勳老師在池上駐村期間創作的油畫〈山醒來了〉，與大廳八角木桌上的陽光相呼應，歡迎來到藝術館的客人。建築外推，則多了一條落地玻璃的長

一條落地玻璃的長廊，成為銜接藝術與生活最自在的空間。

廊，採光充足，館外綠地庭園一覽無遺，成為銜接藝術與生活最自在的空間。二〇一七年正式命名為「池上穀倉藝術館」，梁正賢以每月「一塊錢」委託台灣好基金會經營管理，同年十二月九日在阿美族頭目林阿貴以傳統祈福儀式的古調吟誦下宣告開館，三百多位池上鄉親不畏寒冷天氣，共同見證老穀倉的華麗變身。

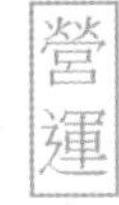

營運

是在地藝術教育資源，也是人文網絡平台

池上穀倉藝術館不只是美術館，也乘載著農村歲月和鄉親記憶，所以，藝術館除了是藝術家創作的展示空間，更是與鄉親交流及推廣藝術教育的平台。柯文昌說池上穀倉藝術館被賦予三種使命：其一，是展出駐村藝術家在池上創作的最好櫥窗。開幕

藝術館接待大廳。（攝影／蔡詩凡，中強光電基金會提供）

展由蔣動、席慕蓉領軍，展出包括駐村藝術家連明仁、葉海地、簡翊洪、池上鳳珠、拉飛邵馬，在池上駐村創作的作品。第二檔展覽則是駐村藝術家林銓居個展「我從山中來」，農村長大的林銓居，作品多以鄉村農田為主題，其作品展示在樸實的穀倉空間裡格外有味道。接續搭配池上秋收稻穗藝術節十周年，第三檔的「雲門風景——劉振祥攝影展」，邀請長年記錄雲門舞集的劉振祥，展出他鏡頭下舞者迷人的動態凝結，細覽雲門一路走來的舞跡。而開館滿周年之際，駐村藝術家兼總顧問蔣動，也將他過往五十年不同風貌的創作，集結並舉辦首次私藏展。

其二，藝術館是在地的藝術教育資源，也是串聯在地人文網絡的平台。所謂的城鄉差距就是文化與教育資源的落差，因為欠缺多樣性的浸潤，所以孩子們的視野受到侷限，因此池上穀倉藝術館除了特展外，也邀請藝術家舉辦

2013年池上秋收稻穗藝術節邀請雲門舞集演出《渡海》。（攝影／劉振祥）

工作坊、文化講座，讓孩子與鄉親們有機會接觸不同形式的藝術啟迪。另一方面，則以藝術館為平台，串聯池上藝文空間與組織，以共好思維，拉高池上的文化能見度。

其三，藝術館是池上旅行的文化地標。旅人在一天行腳之後，可以在藝術館休憩，靜靜欣賞藝術家的作品，或者放鬆身心遠觀青山，偶有一列火車從眼前奔馳而過，是一種屬於農村生活的寧靜恬淡、池上風格的小旅行。

為了持續探索藝術館在池上的各種可能性，台灣好基金會整合台北與台東的工作人力，採取彈性的組織運作模式，經營決策在基金會董事長、執行顧問與執行長議定後，由駐館的三位同仁負責企劃與執行，總顧問蔣勳則經常給予策展方向的指導與建議。如遇重大專案辦理時，基金會則會再行調度台北的同仁前往支援，以避免藝術館因為在地而面臨邊緣化的危機。

林銓居與農民共創裝置作品。

老回憶、新地標

從老穀倉到藝術館，池上穀倉藝術館不僅是台灣好基金會在池上生根落戶的承諾，也是池上鄉親們共同珍惜的老回憶、新地標。用十年的時間，台灣好基金會和池上鄉親由點而線到面完成了池上的藝術拼圖，讓池上穀倉藝術館不只是靜態的展覽館，更扮演著社區凝聚與發展的推手，並且驅動了池上的文化觀光。

因為是從泥土裡一瞑一寸長出來的，池上穀倉藝術館彷彿有了生命，和池上一起呼吸。來到池上時，別忘了散步到藝術館，在寧靜的穀倉裡想像稻香，在藝術家的作品裡感受熱情。

文／李應平　圖片提供／台灣好基金會

雲門風景
劉振祥 攝影展
Liu Chen-Hsiang
In Between The Moments
Cloud Gate in a Photographer's Memory
10.1-11.10

池上穀倉藝術館

老屋創生帖

除了是藝術家作品的展示空間，
更是居民交流及推廣藝術教育的平台。

（圖片提供／李應平）

（台灣好基金會執行長）
李應平

老屋再利用建議

1. 老屋再利用時，應該思考如何延續它的歷史軌跡以及社區鄰里對它的集體記憶。
2. 老屋經常因為房屋結構老舊等問題，而使修繕經費難以掌握，特別需要在資金上預留彈性。
3. 老屋原空間與再利用之需求可能會有很大差異，因此事前與建築師充分討論很重要。

老屋檔案

平面配置

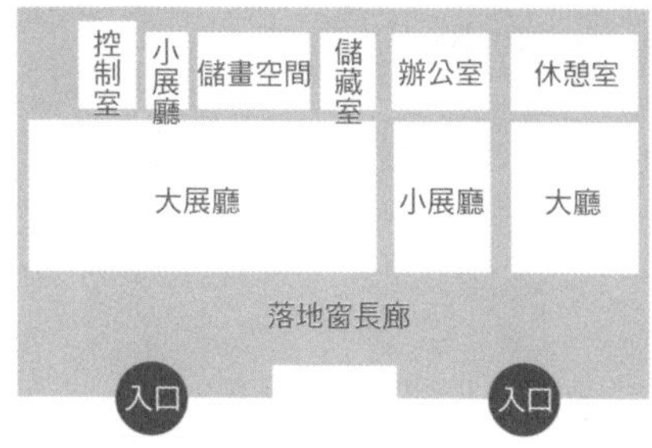

地址／台東縣池上鄉中西三路6號
電話／089-862089
開放時間／周五至周二10：30～17：30（周三、四公休）
文資身分／無
起建年分／1958年
原始用途／穀倉
建物大小／115坪
再利用營運日期／2017年12月
建物所有權／私人
取得經營模式／租賃
修繕費用／梁正賢提供
收入來源／營運費用由復華投信贊助

起建年分
1901

到客家古厝
體驗簡單生活

羅屋書院

新竹縣關西鎮南山里上南片7鄰79號

人會消失，
但房子會一直存在下來，
我只是做我想做、該做的事。
——————————**羅仕龍**（現任主人）

羅仕龍是讓百年客家老宅重新有了聲息的靈魂人物。羅屋正廳門上對聯「為善最樂，積德當先」，正是羅氏祖先對後代子孫的期待。

一九一三年落成的羅屋書院，是新竹關西一棟保存完整的客家紅磚三合院，依傍著綠意盎然的稻田，盛夏午後，孩子們的嬉笑聲、聊天聲和鳥叫聲總是迴盪在羅屋書院廣闊的院落內。羅氏是關西在地大家族，曾有八十多人居住在此，然而百年更迭產權持分複雜，對羅屋書院是否開放、轉型也有不同的聲音；即使身為羅屋書院的後代子孫，接手古厝經營也不一定理所當然——羅仕龍，正是讓百年老宅重新有了聲息的靈魂人物。

源起

童年情感喚回遊子返鄉

羅屋書院建築為「一堂四橫」格局，二〇一〇年登錄為新竹縣歷史建築，正式官方名稱為「關西豫章堂羅屋書房」，堂號「豫章」為漢代郡名，位於江西南昌縣地，為羅姓發源地。

關西羅氏家族約清光緒年間自廣東蕉嶺來台，羅仕龍祖先這一脈先於淡水、後落腳關西，至第十五世羅碧玉逐漸發跡。這棟百年古厝為羅碧玉與兄弟們於一九〇一年創建，一九一三年竣工，為與老屋區隔而稱之為「新屋」，除了做為家族居住使用，也聘請老師先後教導漢書、日語，二戰期間曾沿用為關西公學校部分教室，因此有「羅屋書院」之稱。戰後一九五四年，關西天主堂借用此地做為幼稚園，留下外國神父與台灣孩子們在客家三合院合影的珍貴畫面。

羅仕龍一九七三年出生於這棟三合院，三歲左右隨父母搬遷台北。爸爸早年在大稻埕經商，他長居台北求學、工作，身上揉合了都市的氣息與原生的鄉愁。

與羅仕龍同輩的堂兄弟姐妹各在事業中壯年，卻少有人如他，在年屆四十歲之際，突然一股回鄉的拉力將他牽引回來，落腳於這有點遠離現實的三合院。談起二〇一四年返鄉的心境轉折，羅仕龍笑嘆：「我想永遠不會有準備好的一天，但我怕年紀再大，就越沒有勇氣做這件事了……，而如果不是我對這棟老房子的感情夠深、它的建築規模夠大、承載的歷史文化這麼豐厚，我可能也不會回來。」

↑羅屋書院建築為「一堂四橫」格局，圖為右橫屋。目前左、右外橫屋另有家族成員居住，不含在民宿經營範圍內。

↗外國神父與台灣孩子們在客家三合院合影的珍貴畫面。（圖片提供／羅仕龍）

→從門樓進入即為羅屋書院的私人空間，參觀前先打過招呼，羅仕龍或接待人員就會敞開大門歡迎。

正廳水車堵有大批以人物故事為主的灰塑，現況保存良好。

羅屋居住成員曾達八十多人，後來雖人丁漸薄，但家族長年至少都有一人居住在此，以維持房子的人氣。（圖為正廳）

正廳雕刻廣含人物、走獸、花鳥、集瑞等題材，都已接近寺廟的裝飾等級。

整修規劃

勿忘客家傳統，逐年逐步修繕

多年來，活化古厝的念頭一直縈繞在羅仕龍心中，約莫十年前起，家族將羅屋書院無償借給關西鎮鄉土文化協會進駐，他們舉辦各種活動凝聚社區情感，催生了333藝術節、牛欄河劇團等，在這過程中，羅仕龍逐漸感受到回鄉的新可能。而促成這一切的最後一股力量，則來自於一幅照片。

「有次在鎮上吃麵，剛好看到協會編的《牛欄河畔》季刊封面，有張齊柏林空拍關西上南片的照片，我發現，那一大片綠油油稻田旁的紅磚屋，不就是我的老家這棟三合院嗎？」因著這份悸動，他終於停止掙扎、辭職返鄉，也獲得熱愛文史的太太支持。高齡八十多歲的父母定居台北多年，雖未曾開口要他回鄉，「但爸爸心裡對我這個決定是很高興的。」

返鄉一開始羅仕龍也毫無頭緒，畢竟長住的心情和以前回來度假不同，得像照顧一個百歲的老人家，小心呵護，才能漸漸感受到老房子的靈魂和神氣。他表示祖先向來勤儉，卻肯花大筆錢蓋這房子，便是希望後代子孫不忘傳統，正廳門上對聯「為善最樂，積德當先」，似乎正呼應了建築上忠孝廉節、蘇武牧羊、四聘圖（四個禮賢下士圖）等裝飾故事。「祖先們有千言萬語要告訴我，雖然他們無法在現場，但透過建築裝飾的物件，把家族核心精神都傳達給我了。」羅仕龍深情地說。

老宅曾於一九六九年大翻修，更換地板磁磚、重新格局、規劃水電管線、修建現代廁所、將廚房從三間改為一間等；約一九八〇年又進行屋桁與屋頂修復抽換，至今整體保存狀態良好。羅仕龍一邊回翻族譜、了解祖先背景，一邊著手實務上的改造，針對建築本身，他推崇「減法的建設」，追求簡單、與自然結合，因此並不大刀闊斧更動格局，而採逐年、逐步小範圍修繕。

羅仕龍結合來自家族的經費與新竹縣文化局的補助資源，依循「修舊如舊」的原則，先從一般性的如牆壁龜裂、漏水處理，另延聘建築專家評估，更換腐朽木梁、拆掉二十多年前加裝的木板頂棚，以免暗潮寄居白蟻。或許因多少背負著家族長輩的疑慮與期許，預算偏保守，修繕費用至二〇一八年累計僅花費五十多萬元，他表示未來若有充足預算，才會再進行整修屋瓦、清理溝渠等其他工程。

屋頂最老的木梁（下）與更換過的新梁（上）。

老宅地板磁磚曾於1969年翻修更換。（圖為房間外一景）

老屋修繕採逐年、逐步小範圍進行，未來若有充足預算，才會再進行屋瓦、清理溝渠等其他工程。

營運

「越在地越國際」的民宿經營方式

建物初步修繕後，羅仕龍決定將百年古厝開放為民宿經營，他自己則住回幼時出生的小房間。經營上，一樣回歸「減法」，沒有增添太多現代擺飾或裝備，地板的磁磚、廚房的木桌、流理台的花磚，全都保留舊時風情，並聘請一位在地的客家大姐金貞姐當管家，從人到物到空間，純然都是客家風格。

民宿自開張以來，靠著臉書、Airbnb等網站宣傳，紅磚三合院的特色建築吸引不少本地以及外國旅客入住。羅仕龍總是親自迎客、導覽老屋建築與小鎮風光，他提到最近有個荷蘭旅客，離台時在手上多了三個台灣圖案刺青：一〇一大樓、高山和羅屋書院，「看到他傳來的照片，好感動啊！」他笑了開懷：「這就是最好的回饋了。」也更確認羅屋書院「越在地越國際」的經營方向。

串聯夥伴，深耕藝術造鎮

羅仕龍學的是電影、戲劇，上一份工作在經管顧問公司任職近十年，雖然如今人生轉了個大彎，過去的藝術底子與管理長才，在民宿的設計、經營都派得上用場。他強調，經營羅屋書院「不是一門生意，而是一種生活」，房子是個聯結的平台，人才是靈魂，生活情境才是精髓，因此重點不只是老屋建築，而是結合周邊環境，呈現聚落生活圈的概念與描寫。

他以羅屋書院為基地，與其他有志於深耕在地文化的盧文鈞等人，共同創辦「關西藝術小鎮發展協會」，提出「藝術造鎮」概念。協會至今舉辦過音樂會、藝術工作坊、客庄生活體驗、手作步道、路跑等各種活動，期許帶動在地文化、產業發展，也讓來到關西的旅客，能體會到實在的生活感。為了延續羅屋過去的私塾角色、結合建築本身特色，二〇一八年九月起，羅仕龍新創「給小朋友的泥塑課」，邀請美術老師導覽、帶領孩童認識羅屋的雕刻裝飾，並實地以陶土做出立體成品。課程也包括走訪社區田園等，致力於與在地的結合。

認識自己，選擇簡單營運

目前羅屋書院專職人力僅羅仕龍與一位管家，以民宿、活動收入為主要營收，房間只有三間，供「兩人、四人、六人」住宿，通常周末、暑假住房率較高，他自己同時也在附近小學兼職教書。羅仕龍坦言，他不是不懂商業模式，「若是純獲利導向，大可以入園收門票、賣一杯兩百塊的飲料，但那種高端消費的客群，不會是羅屋的客人，我喜歡純樸簡單的感覺。」他笑笑地說：「畢竟，錢很重要，但一直追求金錢會讓人迷失。」踏進這座三合院古厝，總讓人不自覺安靜閒適下來，羅屋書院毫無商業氣息，就像農村往常的鄰家一樣，路過的遊客只要在大門打個招呼，羅仕龍或管家金貞姐就會笑盈盈地迎客入內，奉上一杯茶，配上幾顆剛摘的龍眼，親切地與人閒話家常。

談到這十年來台灣的老屋活化風潮，他建議有志於此的人「先認識自己」，釐清究竟想經營什麼類型的空間，並在挑選老屋時敞開心扉去感受，「每個空間都有它的靈魂，老房子是會選人的，接下來，就是把挑戰當趣味了。」他謙稱至今仍在未知中摸索，處於「打地基」階段，也開放羅屋的未來，或可不設限於羅氏家族，交由其他適合的人來經營發揮。

「人會消失，但房子會一直存在下來，我只是做我想做、該做的事。」面對這間有靈魂的古厝，羅仕龍的初心，一如往昔。

文／林欣誼　攝影／曾國祥

簡單的民宿房間，讓人體驗鄉村生活。

羅仕龍與小客人玩耍。

羅屋書院

老屋創生帖

採取越在地越國際策略，
保留客庄的建築風情與人情。

羅仕龍

老屋再利用建議

1. 建議有志於老屋活化的人「先認識自己」，釐清想經營的空間類型。
2. 推崇「減法的建設」，依循「修舊如舊」的整修原則。
3. 結合在地，推動產業，避免成為脫離在地的觀光景點。

老屋檔案

平面配置

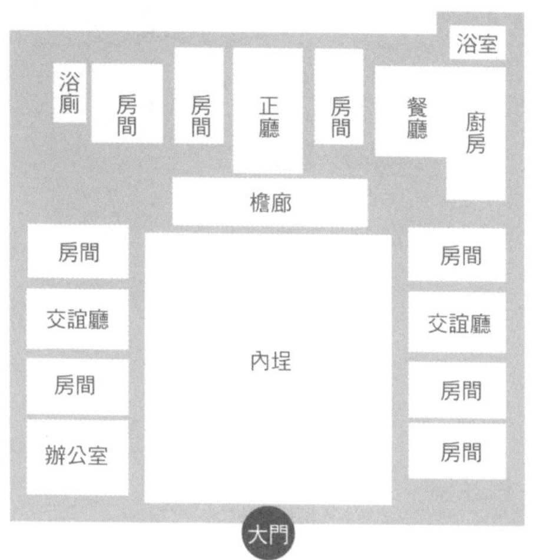

地址／新竹縣關西鎮南山里上南片7鄰79號
電話／0910-013315
開放時間／住宿需事先預約，路過亦歡迎參觀
文資身分／歷史建築
起建年分／1901年
原始用途／住宅、私塾
建物大小／建築加庭院約900坪
再利用營運日期／2015年
建物所有權／家族共有
取得經營模式／家族共識
修繕費用／約50餘萬元
收入來源／住宿60%、活動40%

住宿 60%	活動 40%

交工修老屋，
協力開旅宿

起建年分
1950

玉山旅社

嘉 義 市 共 和 路 4 1 0 號

它跟北門車站一樣，共同見證阿里山林業曾有的繁華。
保留玉山旅社，
就是在替城市歷史留下重要註腳。

——————————余國信（現任經營者）

玉山旅社為北門車站前六連棟街屋之一，見證阿里山林業曾有的繁華。

屋齡超過一甲子的玉山旅社，緊鄰著阿里山森林鐵路的起始大站——北門站，它曾是往來平地與山區之間，小販及旅客的最佳投宿選擇，如今則是造訪北門站周邊舊城區的必遊景點。

走入玉山旅社，時光彷彿回到一九六〇、七〇年代的「販仔間」（對販夫走卒客棧的通稱），不僅牆面斑駁，木窗框與桁架都留有歲月侵蝕的痕跡，腳下是紅綠相間的古老磨石子地磚，一樓通往二樓的木樓梯特別寬敞厚實，那是昔日旅店基於消防安全的必要規格；來到二樓，腳下木地板傳出嘎吱聲，通鋪房的榻榻米、蚊帳，搭配舊畫報、塑膠圓筒水壺等復古擺設，樸實無華的面貌，就是要延續老屋的早期旅宿機能。

源起

北門驛前老旅社，見證林業發展

根據嘉義市洪雅文化協會的調查，玉山旅社的第一任屋主陳聰明，生於一九〇七年，曾任阿里山森林鐵路的列車長及北門驛的副站長，一九五〇年他與朋友合夥，興建北門站前的六連棟街屋，靠近北門站這頭的邊間即是現在的玉山旅社。一九六六年陳聰明退休後，將住家改為旅社經營。而後旅社的經營權幾經轉手，最後由擔任過旅店女侍的侯陳彩鳳買下了房屋。

一九七〇年末，隨著公路交通興起，小火車人潮不再，旅社生意蕭條轉而經營可以應召小姐的特種行業，俗稱「貓仔間」，之後歇業，老屋便趨於沉寂了。對於這段只存在庶民記憶的歷史，現任員工楊淑真說，直到現在，還不時有歐吉桑前來探問：「還有沒有給人叫小姐？」當回覆「只有喝咖啡」時，對方還追問：「陪客人喝咖啡喔？」令她哭笑不得。

到了二〇〇九年，由當時擔任洪雅文化協會理事長的余國信發起協力修屋運動，終於將頹敗的老屋修復與再利用，重新定位為平價的背包客旅宿，讓人得以想像當年小火車與北門站人潮絡繹的盛況。

熱血社運咖，用老屋闡述場所精神

余國信是濁水溪以南最活躍社運書店「洪雅書房」的老闆，他關心人權、環保議題，也發動過幾波保存公有歷史建築的戰役，最為人稱道的是，他與一群關心文史的夥伴，成功保下了嘉義舊監獄與周邊的日式宿舍群。

余國信從社運角度回溯自己發動玉山旅社協力修屋的因緣：「二〇〇四年，嘉義舊監獄從市定古蹟提升為國定古蹟，二〇〇七年公部門編列預算開始修繕，然而，一旦進入公家發包程序，民間團體反而失去戰場，不僅沒有管道從中培養老屋修繕技術，

余國信是發動玉山旅社協力修屋的號召者。

也無從開放地討論修復觀念。」為了尋找新戰場，也為了對抗公部門處理文化資產的專制與封閉，他轉而在老屋密集的嘉義舊城區舉辦導覽解說，無意中發現了閒置多年的玉山旅社。

「這棟老屋本身不具備建築美學，也沒有可以宣揚的創辦人事蹟，卻有獨一無二的場所精神；它跟北門車站一樣，共同見證阿里山林業曾有的繁華。保留玉山旅社，就是在替城市歷史留下重要註腳。」余國信說。

整修規劃

新手門陣修屋，學習危機處理

二〇〇九年一月，余國信跟屋主侯陳彩鳳的後人簽下五年租約，承諾一併承擔修繕工作，並得到屋主給予半年免租金的待遇。然而，他本是老屋修繕的門外漢，於是諮詢過去嘉義舊監保存運動的建築師戰友，結果眾人意見分歧，讓他更沒頭緒。「有建築師友人說，這棟老屋沒有保存價值，如果要修到好，至少得花費二百五十至三百五十萬元；也有人從設計角度大膽建議，把一樓牆壁全部打掉，換成落地玻璃，讓人可以飽覽公園景色。」

直到余國信某次至新故鄉文教基金會演講，一貫熱情地「推銷」玉山旅社時，引起曾修繕過霧峰林家花園的建築師孫崇傑的興趣，「孫建築師不到一個月就來看現場，向我堅定表示『沒錢有沒錢的做法』，我才安下心放手做。」余國信回憶著說。

為了實踐「協力修屋」的營造理念，余國信公開募集資金以修復旅社，也歡迎願意提供勞力、物力的志願者，以交工（原是農業社會換工輪收的形式）方式共同為老屋修復盡心力。其實，余國信最初也曾申請營建署「城鄉新風貌計畫」的補助，編列的補助需求為八十五萬元，他說：「玉山旅社很多條件都符合，但最後審查未過，回覆的理由是，玉山旅社規模太小，且是『私宅』、『個體戶』，欠缺公共性。促使我轉向民間募資，反而更加海闊天空。」

承租後的第二個月，余國信與志工們挽起袖子，準備大刀闊斧拆除歪斜隔間、腐朽的木結構，「當時我用電話隔空聽孫建築師的指示，他告訴我要拆哪些部位，我再傳達給協力志工。沒想到，不拆還好，這一大動作，反而破壞了老屋原本平衡，開始搖搖欲墜，再拆下去感覺都要倒了！」當他們拆到一根腐朽木頭時，還衝出漫天白蟻，搞得兵荒馬亂，余國信趕緊停工並向孫崇傑求救。最後是孫崇傑趕來現場穩定軍心，並協助找到願意支持老屋精神、只收材料費與象徵性工錢的鐵工，為老屋補強結構，才順利落幕。

修繕過程重於結果，見識老屋重生

房子結構穩固後，修繕工作逐漸步入軌道，有半年多之久，余國信每天都應接不暇，忙著接收各方馳援物資與引導來來去去的志工，從掃地、釘釘子、修補屋頂、磨鋸木頭，樣樣從做中學。

當年曾投入修屋的南華大學建築系學生黃子倫說，參與修屋過程很有趣，一方面可以見識老屋重生，另一方面，過去在學校裡只是

屋頂閣樓刻意留下外露的「編竹夾泥牆」，可以讓人看到古早環保綠建築的作法。

紙上談兵，「來玉山旅社，不管做多做少，都能獲得充實的經驗與學習。」余國信對前來幫忙的志工，會先為對方導覽旅社身世與定位，並且透過實際觸摸，讓人認識舊建築的獨特工法。像是屋頂閣樓刻意留下外露的「編竹夾泥牆」，可以視為古早的環保綠建材，其製作方式是將沙與黏土揉成土團，加上稻稈、粗糠，再敷上黃麻綑綁固定的竹框，優點是質地輕，且竹編結構相對耐震有彈性，還能吸收輻射熱、調節溫度。

不過，玉山旅社的屋瓦最終並未修復，只做簡單防護。「因為暫時找不到同樣工法燒製的屋瓦，也因預算有限。未來不排除訂製同款屋瓦，修舊如舊。」余國信說。

二〇〇九年八月玉山旅社重新開張，修繕費用總共七十四萬元，另餘下五萬元做為營運金，無形成本是過程中默默付出的熱血志工。

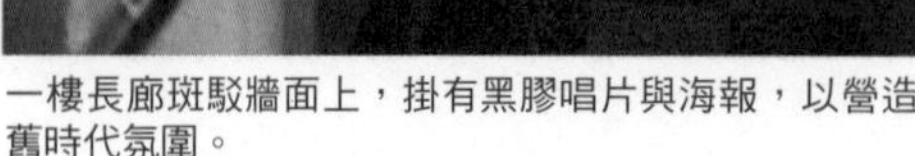

一樓長廊斑駁牆面上，掛有黑膠唱片與海報，以營造舊時代氛圍。

一樓通往二樓的木樓梯特別寬敞厚實，那是昔日旅店基於消防安全的必要規格。

玉山旅社開放自由參觀，一樓販賣文創商品，也能坐下來點杯公平貿易咖啡。

營運

串聯老屋社群，說在地的故事

從相中玉山旅社之初，余國信就堅持延續「旅社」機能，也開放自由參觀，在經營模式上，則摸索過幾種途徑。一開始，余國信擔任二房東的角色，由認識的夥伴團隊經營旅社，販賣公平貿易咖啡，每個月余國信以洪雅文化協會的名義，從經營團隊的營業額提取百分之十，做為往後推廣老屋保存的「公基金」。然而，自開幕以來，經營團隊更換了三回，每個團隊大約撐了一年半，就因不堪持續虧損而終止合作。

三年前，余國信決定自己跳下來經營，跟另兩位友人吳承穎、劉哲瑋輪流掌櫃，嘗試他所謂的「協力經營」模式：每個人既是工作人員也是老闆，共同承擔責任與分攤風險，「工資」是浮動的，即以每月營業額除以每人加總的工時，再以每人工時為乘數計算；掌櫃們共同決議經營上的大小事，例如是否調整關店時間、冬天加賣啤酒等，經營的心態比較像做志工。

余國信說，玉山旅社除了提供給志工、洪雅書店講師免費住宿之外，付費的背包客多為來自海外的自助旅行者以及單車環島

玉山旅社擁有獨一無二的場所精神，2009年整修後重新開張。

玉山旅社修繕過程發現二樓木柱已腐朽，改以鋼架支撐，再漆上淡綠色，以融合老屋舊貌。

玉山旅社分成通鋪與套房二種房型。

旅客住宿登記簿、老照片與懷舊的塑膠圓筒水壺。

玉山旅社透過活動的舉辦，傳遞嘉義的多樣風情。

玉山旅社除了提供住宿服務外，還販賣飲料、甜點。

的青年，有時一整個月沒有客人，有時團體旅客一來就包棟。他攤開營運成本說明經營不易：每月一萬二千元房租，每兩個月水電費約一萬四千元，還有無線上網月租費一千多元，收入則每月在一萬元到五萬元不等，「有時連房租都不夠付」，這還不包括修繕階段投入的資金攤還。

也因此從二〇一七年開始，余國信申請勞動部「多元就業開發方案經濟型計畫」補助，聘請了四位員工，人事成本暫時得到紓解，也讓他不用奔波於書店與旅社，「公基金」也有所累積，但余國信說「未來還是希望能自給自足」（註：玉山旅社二〇一九年已停止多元就業計畫）。

二〇一八年，余國信也曾申請到文化部「青年村落文化行動計畫」的補助款二十五萬元，舉辦「嘉有老木」系列活動，串聯嘉義五間木建築小店，包括洪雅書房、玉山旅社、初和風精緻咖哩、老院子1951・想喝、Daisy的雜貨店等，透過藝術家創作展、藝術手作DIY、小旅行、密室脫逃、小店長體驗、徒步走讀等活動，傳遞嘉義的多樣化風情。

在未來路上，余國信說玉山旅社將持續發揮創意及社運精神，拓展老屋經營的新思維，讓更多人見識到老屋的重生。

文／陳歆怡　攝影／莊坤儒

玉山旅社

老屋創生帖

透過交工方式修繕老屋，
藉由協力模式營運旅社。

余國信

老屋再利用建議

1. 沒錢有沒錢的作法，可在網路公開募集資金，號召志工協力修屋。
2. 修繕過程重於結果，從做中學，可以獲得充實的經驗與學習。
3. 營運模式可視經營狀況彈性調整，適時申請公部門補助，可減輕營運壓力。

老屋檔案

平面配置

後門
浴廁
客房
走道
吧檯及作業區
咖啡座
樓梯
入口
一樓

後陽台
客房
休憩區
走道
展示區
樓梯
客房
二樓

地址／嘉義市共和路410號
電話／05-2763269
開放時間／周一至周日9：00～18：00
文資身分／無
起建年分／1950年
原始用途／住家、旅社
建物大小／一、二樓合計約84坪
再利用營運日期／2009年8月
建物所有權／私人
取得經營模式 ／租賃
修繕費用／74萬元
收入來源／飲料輕食80%、寄賣品10%、住宿5%、場地出租5%

飲料輕食 80%
寄賣品 10%
住宿 5%
場地出租 5%

我是
紅牌
秋季藝文
大嗓門
101.1.18
Everly Brothers
Diana Ross
小城故事
土地
正義

起建年分 1920 起

將台式美學與府城生活收進房子裡

謝宅

台南市中西區忠義路一段84巷10號（辦公室）

老房子的價值不在於外在的華麗，
而在於它
會帶給你什麼樣的想像。

——————————**謝小五**（現任主人）

人稱「謝小五」的謝宅主人——謝文侃，目前共經營六棟不同風格、不同樣貌的謝宅。

台南謝宅，可說是台南老房子再利用的先鋒者。從二〇〇八年開始，人稱「謝小五」的謝文侃將西市場的自家老宅化為古樸民宿後，至今已發展出六棟不同風格、不同樣貌的謝宅，接待過國內外無數的旅人。藉由來台南住一晚，至少二十四小時與老屋的親密接觸，進而讓各地的旅人體驗所謂台南生活、府城文化，「到台南住老屋」儼然成為拜訪古都必做的事之一。

然而，創業的甜美不是一開始就能嘗到，回想這一路走來的過程，謝小五有太多的甘苦談。

源起

從西市場老家出發

位於西市場內的第一棟謝宅，來過的人都印象深刻，得穿過八十度的陡峭斜梯，才能抵達樓上的老宅空間，這正是謝小五打從出生一路住到二十四歲的房子。而將這棟充滿兒時記憶的老宅化為旅人下榻之處，一切的起心動念都源於當時台南有兩座重要的老建築——真花園與新松金樓，一夕之間全被拆除，除了不捨，也促使謝小五開始思索老建築的保存議題。另一個因素，由於父親中風，老宅的環境儼然不適合居住，在安頓好父母後，房子空閒了下來，也是實驗的開始，謝小五決定與成功大學建築學系合作，展開第一棟謝宅的「變身」企劃。

整修規劃

呈現庶民生活寫照，打造老屋的生活感

這一棟五層樓的老宅，為考量入住的舒適度，在格局上有重新安排，但又納入昔日生活元素。

一樓是謝小五父親經營的西服店；二樓原是謝小五父母的房間，現為客廳，擺放著一架老鋼琴及一台裁縫機，都是謝小五家人的舊物，分別代表姐姐和媽媽；三樓是廚房與餐廳，外有露台，露台所在原有謝小五的房間，整建時已拆除，僅留下一面牆做為紀念；四樓為臥室，蚊帳及榻榻米呈現庶民生活寫照；五樓原為謝小五姐姐的房間，後來將整層改造為浴室，還特地找了老師傅打造了一座磨石子浴

↑想探訪西市場裡的謝宅，必須先穿過這座陡峭的樓梯。這是為了騰出更多空間給店面，所做的變通。

↗第一棟謝宅所身處的西市場，是台南布商大本營。

→西市場謝宅二樓客廳一景。

西市場謝宅四樓臥室有著台味十足的蚊帳和榻榻米。

西市場謝宅二樓是客廳、起居室，也是書房。

西市場謝宅三樓廚房外的露天陽台。這裡原有謝小五的房間，在整建謝宅時，將之拆掉，刻意留下一面牆，以記得當年發生過的事。

西市場謝宅三樓廚房天花板是用竹籬加透明波浪板，在陽光的洗禮下，極富詩意。

西市場謝宅五樓原為謝小五姐姐的房間，現整層都化為浴室，可讓人好好享受洗浴時光。

缸，是洗滌身心的最佳充電站。

回想當年所做的這個決定，謝小五至今仍覺得很慶幸，「現在每次回來，這裡還是跟當初一樣。」他把從小生活在老房子、老社區的生活感，全都放在這棟宅子裡了，每個角落、每個細節，都有太多承載、太多情感，而與情感的聯結，正是謝小五在老屋營運上最強調的部分。

「老房子的價值不在於外在的華麗，而在於它會帶給你什麼樣的想像。」這是謝小五對「謝宅」二字的定義，他認為「生活感」是一棟老屋的精髓，建築並不是美才有價值，而是要與之生活、互動，最後所產生的情感聯結才是重點。在他打造的每一棟謝宅，都能發現光影的舞動、微風的吹拂、樹木的姿態，以及許多對台式生活、庶民文化的詮釋，可能是夏天踩在磨石子地上的沁涼感，又或是夜晚裹在手打棉被中的厚實享受，藉由這些細微末節，帶領旅人更加貼近老屋氣息。

營運

建立熟知台南的團隊、獨當一面的員工

謝小五剛開始創業時，並不是所有人都看好。現在，「台南

旅行」已經成為一種流行，但是很難想像，十年前台南的旅宿業並不興盛，多數旅客只把台南當中繼站，「沒有人想在台南住一晚」，除了產業環境問題，家人也不贊成謝小五投入老屋改造這一途。因此，剛開始營運的前兩年，謝小五平日在外商公司工作，到了周末才切換身分、接待客人，直到二〇一一年、第三年做第二棟謝宅時，才辭去工作、全力衝刺，一人包辦如房務、工務、接待、導覽、宣傳等所有工作，「那個時候忙到無時無刻都在懷疑自己。」一直要到第五年，才開始聘請員工。

目前，謝宅團隊的專職員工包含房務、工務、管家等。管家是旅客面對謝宅、認識台南的第一道窗口，每位管家就像是旅客的在地導覽員，勢必要熟知謝宅大小事，同時也要對台南的吃喝玩樂及歷史文化不陌生，因此管家的教育訓練顯得格外重要，一位管家的養成大約需要花上六至八個月的培訓，才能開始獨當一面，要等到第二年才會更上手，因此，員工一簽就是兩年起跳。除了職前訓練，每年固定的員工旅行也是教育訓練的一環，特地挑選一些擁有好口碑的民宿或頂級飯店，讓員工親身去體驗，從中感受所謂「好的服務」及自己的不足之處，再慢慢調整謝宅的細節。就是這樣，慢慢地磨、慢慢打亮，一點一滴成就現在所見的謝宅，飽滿而散發光采。

拉高價位，以服務建立物有所值感

在價格策略上，謝宅自有一套思維。相較市面上多數民宿，謝宅的單價算是比較高的，出於重視住宿品質的因素，很多棟一次只接兩人入住。對此，謝小五不諱言，在凡事都講求CP值（性價比）、住宿價格越殺越低的當今，需要有人把市場的價格拉高。他進一步說明：「反觀日本老屋旅館，如京都俵屋等，一晚下榻要上萬元，那為什麼台灣的老屋民宿就做不到呢？」在他眼裡，台南的老屋、文化及故事不比其他地方或國家遜色，服務也很細緻，所以即便單價稍高，也能有物有所值的感受。

有趣的是，目前觀察下來，反而是高單價的房型賣得比較好，這或許與謝宅的客群特性有關係。通常來到謝宅的人，多數都對老宅體驗、老派生活感到有興趣，品味有一定的堅持，加上謝宅並沒有在任何訂房網站上架，多是靠客人的口碑相傳，因此集合了一群有類似喜好、品味的客群，願意花錢探索生活。另外，外國旅客的占比也不少。

辦公室旁的忠義路謝宅。

每棟謝宅各有特色，共通點是台式老宅，重視採光、通風及植栽點綴。（圖為忠義路謝宅）

行銷層面，除了單靠客人口碑，謝宅還有一點與其他民宿不一樣的地方，「我們是一間從不提供地址的民宿。」謝小五說讓客人無法確切得知謝宅的所在，沒想到竟成了一種另類的行銷。當客人在詢問或預約時，管家會花很多的時間往來溝通，從中得知客人的需求和喜好，再依此去安排最適合的住宿空間，下榻當天會與客人相約在該棟謝宅周遭的地標，再以散步的方式，穿街走巷帶領客人抵達謝宅，整個過程就像是一種「拆禮物」的儀式，先吊足了客人胃口，再給予大大的驚喜。然而，這種沒有地址、只給地標的報路方式，也是謝小五想刻意表現出的台南人生活習慣，讓客人在還沒入住前，就能感受到府城的「生活感」。

把謝宅當品牌，把自己當藝人

近幾年來，謝小五走出民宿到各地演講、交流，對岸廈門、日本金澤等地都有他的足跡，讓他體會到「交流」是件很重要的事，經營者必須站出來、發出聲，告訴大家要做的事情，逐漸地就會凝聚成一股力量，發揚謝宅的美、台南的好。因此，他積極經營社群媒體，如Facebook、Instagram等，讓自己盡量往年輕族群靠近，因為這十年的創業經驗讓他知道，一座城市有沒有留住年輕人的力量，是改變整個城市未來樣貌的決勝關鍵。「所以我現在都把謝宅當作品牌來推廣，把自己當作藝人來經營！」這看來像句玩笑話，但仔細想想也不是沒有道理。

曾經在澳洲讀MBA的謝小五坦言，MBA的求學背景對他現在的所作所為有一定的影響，他說：「MBA是理性的，教你怎麼賺錢，但經營老房子是非常感性的。」因此，對於未來想要從事老屋營運或是正在這條路上的經營者，他建議要好好思考理性與感性之間，該如何拿捏、找取平衡點，才能永續經營。

未來，他正在思考或許會將「謝宅」這個品牌「種」到台南以外的地方，像是與台南有類似生活風格的日本金澤，就是候選名單之一。也許，將來就會看到屬於台南本土的旅宿品牌，在國際上開枝散葉、傳遞生活理念的那一天。

文／高嘉聆　攝影／林韋言

福

謝宅

老屋創生帖

藉由台式生活、庶民文化的詮釋，帶領旅人更加貼近老屋氣息。

謝小五

老屋再利用建議

1. 老屋與生活情感的聯結，是營運上最重要的部分。
2. 在老屋經營與營利之間找到平衡點，才能永續下去。
3. 積極經營社群媒體，如Facebook、Instagram等，讓老屋的美好發揚出去。

老屋檔案

西市場謝宅平面配置

地址／台南市中西區忠義路一段84巷10號（辦公室）
電話／不公開，可至Facebook粉絲專頁私訊洽詢
開放時間／入住需預約，民宿不對外開放參觀
文資身分／無
起建年分／六棟分別建於1920至1960年代之間
原始用途／住宅
建物大小／六棟大小有別，每棟18至55坪不等
再利用營運日期／自2008年起陸續營運
再利用後用途／民宿
建物所有權／私人
取得經營模式／自用
修繕費用／不公開
收入來源／民宿100%

起建年分
清乾隆年間

邀旅人見證古厝再生之美

水調歌頭

金門縣金城鎮前水頭40號

房子本身沒有生命力，
是來住的人
給了古厝本身生命力。

——**顏湘芬**（現任經營者）

顏湘芬與兒子兩人一起落地金門，從一棟民宿變成三處民宿的主人。（圖為在新水調歌頭民宿前合影）

開間民宿，是許多人夢想的生活模式；如果能夠在老房子裡開間民宿，是不是更夢幻？擁有許多美麗古厝的金門，國家公園管理處為了活化傳統建築，特別向屋主協商，由國家公園出錢修復代管三十年，於二〇〇五年正式啟動轄內的古厝標租，開放各界提案申請成為民宿主人。在金門水頭聚落經營「水調歌頭」的顏湘芬，正是第一批獲得古厝活化經營權的民宿主人之一，從二〇〇五年到現在，她一共經營三處古厝民宿，見證了金門古厝再生的發展。

源起

返鄉，標租古厝當民宿

顏湘芬老家在金城鎮上，跟大多數金門年輕人一樣，高中畢業後到台灣讀書、留在台灣工作，一家兄弟姊妹及母親陸續搬到台灣定居。返鄉經營民宿的契機，來自於一次家庭聚會的閒聊。某日，顏湘芬和同為金門人的二姐夫聚會，談及金門國家公園管理處要推出古厝標租政策，鼓勵當時從事旅遊業的她回鄉經營，顏湘芬心想「怎可能有這麼好的事情」，事後積極詢問，果然有此事。過去她曾帶團去過瑞士、法國的古堡之旅都大受歡迎，以她當導遊的經驗判斷做這件事一定可以成功，「金門古厝這麼具有代表性與特殊性，當然有機會！」顏湘芬說。

金門國家公園第一批標租的古厝有十五棟（至今數量已高達七十一棟），首次開辦採一年一標，有些人擔心翌年沒標到無法延續而不敢參與，但顏湘芬不擔心，挑了三間喜歡的古厝就提案申請，簡報時主攻經營面想法，不論是理念與執行方案都相當清晰，最後順利取得其中一間水頭40號經營權，命名為「水調歌頭」民宿，於二〇〇五年七月二十日正式開幕。順利掌握了回鄉的機會，顏湘芬帶著兒子到金門念高中、大學，之後兒子甚至成為金門女婿，母子兩人落地金門，從一棟民宿變成三處民宿的主人，從一個人變成兩代人一起經營。

金門古厝標租政策

金門國家公園管理處以八百萬元重修本棟古厝，取得三十年使用權，並公開招標延攬民宿主人。首屆試營運只有一年，由管理處提供床櫃、冰箱等基礎硬體設備，等到此政策上軌道後，後續標租年限漸改成二加一、四加三，現在是五加四最多九年，且管理處不再提供設備；每年標租金視建築大小不同，交付給管理處的租金大約從十幾萬到三十幾萬左右不等。

營運

同中求異，嘗試各種創新策略

有著豐富導遊經驗的顏湘芬，一開始經營民宿的策略，採「住宿送導覽」，幾乎深度陪同住宿者遊覽金門；等到經營年餘，才驚覺應該要改變，讓自己成為真正的民宿主人，並常跑台灣參考其他民宿的作法加以改進，導覽不再是重點。

曾有人向她建議金門民宿可提供一泊二食或下午茶等服務，但顏湘芬認為古厝環境要維持乾淨已很困難，料理對於環境的負擔又更大；且來到金門，不就應該鼓勵客人在地消費、品味金門特色料理嗎？民宿所扮演的角色，應該是提供好的住宿服務，必須和在地店家是夥伴關係，讓客人可以友善地聯結在地產業。

初始，來自各界的這類建議不少，要堅持住自己的理念頗為辛苦，顏湘芬強調：「開民宿，是一種維護房子而存在的經營方式，不能因為客人喜歡和需求而隨意更改，而是要讓客人接受建築所在的環境。」

顏湘芬從第一年營運開始，就聘請聚落社區媽媽當管家，負責整理環境打掃，她也曾被質疑為何不自己做，顏湘芬說：「就是該分工，我去推廣其他事物才能擴大效益。」現在水調歌頭系列三棟民宿，都各有一位管家服務，顏湘芬和兒子負責接待，總共五位人力。長年下來管家媽媽已能獨當一面，甚至也有管家媽媽後來去標租其他民宿經營。

隨時面對環境改變，腳步跟著走

顏湘芬建議：「過去他人的經驗只能當作參考，不能一成不變沿用，因為民宿的營運，得隨時面對環境改變，腳步跟著走。」

水調歌頭是金門第一家跟立榮假期合作的民宿。一開始，因為這個機加酒的合作案，其經營模式還被質疑，顏湘芬篤定的回應：「對離島來說機加酒是一定需要的。」

早期的旅遊方式，不是跟團就是習慣買套裝遊程，水調歌頭曾有一陣子半數以上住宿者都是來自立榮假期，更帶來不少部落客拍照寫文，顏湘芬自己也經營部落格，回應越來越多，曾有一陣子網路搜尋水調歌頭竟然比蘇東坡的作品順序還要前面，對於水調歌頭知名度的推廣可說相當助益。

現在，大家習慣自己上網訂房，顏湘芬也抓緊這個改變，跟訂房平台合作，雖然手續費超過百分之十，但訂房平台有較多國外客人，是用評價來觀察選擇住宿點，這讓水調歌頭的客戶更加多元。顏湘芬提起曾有位從訂房平台預訂了四夜的外國客人，當時她人不在金門，雖然有管家服務，也事先告知客人，但還是擔心溝通產生疏忽，忐忑的顏湘芬還特別請託金門在地朋友前來關照。沒想到客人反而覺得水調歌頭營運非常用心，竟然還給了滿分十分的評價。

為了讓水調歌頭增加曝光機會，顏湘芬也努力參加各類推廣活動，像是交通部觀光局百大好客民宿活動，希望可以在全國性比賽入選，讓金門古厝之美被看到。很幸運的，水調歌頭在二〇一八年獲選十大名單。

顏湘芬認為民宿是個專業的服務業，有些人覺得開民宿很容易，但實際進場後才發現十分耗費心力；這一批客人很喜歡，下一批卻可能提出不同意見，在讚美與被批評間落差很大。她建議民宿主人得慢慢降低個人喜好，對於每位客人都應該用同樣心態、同樣標準來接待，她說：「只要用心，客人會感受到；做不到的不要勉強，誠實對待客人，客人也能理解的。」

民宿彼此串聯，合作力量大

「喜歡古厝是一回事，要營運又是另外一回事；以古厝做為營運空間，是要讓不同時間來到的客人都能夠歡喜，照顧好這房子是現階段的重要課題。」顏湘芬認為並非抱持良好理念即可，在業績許可下，還可逐步更新設備，讓水調歌頭系列民宿朝向優質精緻民宿路線前進。「也因此前幾年經營很難賺到錢，得把盈

第一階段的桌椅由國家公園配置，考量古厝空間隔音不好，若設置喝茶的茶席，恐會互相干擾，因此擺設了在地陶藝家做的風獅爺棋子。

「水調歌頭」的院子，藝術家蔣勳稱讚具有空間感、時間感。

餘的錢再投入設備更新，才能有機會繼續投標取得營運權。」顏湘芬說。

金門國家公園標租出來的古厝民宿，彼此間不僅是競爭對手，也是夥伴。第一階段標租十五棟，水頭聚落就占了九棟，民宿業者原本擔憂客源可能被稀釋，但後來發現古厝民宿數量越多，產生群聚的力量就越大，自家滿了就介紹到鄰居家去，一起把餅畫大。這些經營者後來也加入「金門縣民宿旅遊發展協會」，顏湘芬曾擔任理事長，藉由參訪、交流、一起合作訓練，大家越來越進步。

老房子也會挑選客人

從二〇〇五年取得水頭40號，開始經營第一棟古厝民宿「水調歌頭」開始，顏湘芬陸續在二〇〇八年營運54號的「定風波」、二〇一〇年35號的「新水調歌頭」，目前共有三處，總共十八個房間。

「房子自己會挑主人」，經營老房子的人常這麼說；但顏湘芬說，老房子也會吸引不同族群的客人，像是「水調歌頭」有六個房間，入住者幾乎都是藝文界人士、藝術家等；「定風波」主

↑↗「水調歌頭」民宿房間典雅舒適，深受藝文界人士歡迎。

「水調歌頭」是顏湘芬開始經營的第一棟古厝民宿。

要住宿者為年輕人、影像工作者或是整個公司行號包棟；「新水調歌頭」則大多是公司員工旅遊或同學會旅行，客層雖未特別區分，卻很有趣的有所區別，而且回住率也非常高。

其中也常有些藝術家、建築師或植物研究者入住，顏湘芬會藉此機會請教專業人士意見來進行調整。像在「新水調歌頭」庭院中的植栽，就是根據長期投宿的客人建議，讓屋子的景色更有層次感。顏湘芬認為，專家的建議正好成為民宿改善的動力，客人下次來住時也回頭監督，這種來自營運者與客人之間的互動，讓房子越來越好、越來越受歡迎。

「院子是古厝的靈魂」，藝術家蔣勳曾讚賞「水調歌頭」的院子，他說古厝的院子有空間感、時間感。顏湘芬說來住宿的客人都非常喜歡院子，甚至有人特別早起來搶座位，在院子裡吃飯、發呆享受空間，她說：「房子本身沒有生命力，是來住的人給了古厝本身生命

「新水調歌頭」民宿多是公司員工或學生團體旅行下榻。

力。」長期和古厝相處，顏湘芬彷彿也能夠感受到房子的心情，她說：「我覺得我和老房子是一起的，它會跟我對話，如果覺得房子累了，就盡量一兩天不收客人，讓房子休息有精神時再接。」

對於想要以老房子來經營民宿，顏湘芬表示營運成本很高，要維護的東西很多，想賺大錢不可能，有志於此的人要先有認知。她曾夢想在古厝中開書店，畢竟早年私塾都在古厝上課，但最後考量提供住宿無法兩者得兼，不過書店夢還在，她規劃才藝換宿，也曾邀請聚落幼稚園小朋友來聽故事，讓孩子們從小就能親近古厝。

近年來也常有各地民宿業者前來水調歌頭交流，顏湘芬正在思考是否能把這十幾年的經驗彙整，朝向民宿學院方式培訓、開辦民宿主人的訓練課程，希望讓經驗分享，可以讓有興趣的人少走點冤枉路。

文／葉益青　攝影／范文芳

「新水調歌頭」民宿交誼廳。

水調歌頭

老屋創生帖

房子會挑主人，也會吸引不同族群的客人，照顧好老房子，古厝之美就是最大的吸引力。

顏湘芬

老屋再利用建議

1.想要以老房子來當民宿，營運成本很高，要賺大錢不可能，必須先有認知。
2.民宿所扮演的角色，應是提供良好的住宿服務，和在地店家形成夥伴關係，並不一定要跨界。
3.經營民宿並非抱持良好理念即可，在業績許可下，可逐步更新設備，朝優質精緻民宿前進。

水調歌頭 老屋檔案

水調歌頭平面配置

地址／金門縣金城鎮前水頭40號
電話／082-322389、0932-517669
開放時間／民宿不開放參觀，無固定休假日（過年時從除夕到初四休假）
文資身分／無
起建年分／約清乾隆年間
原始用途／住宅
建物大小／約100餘坪，共8個房間
再利用營運日期／2005年7月
建物所有權／黃氏家族所有，金門國家公園管理處代管30年
取得經營模式／經公開招標程序，取得租賃資格
修繕費用／金門國家公園管理處以800萬元重修延攬民宿主人，民宿主人無須負擔古厝修繕費用
收入來源／民宿100%

民宿 100%

起建年分
1931

以文史為底蘊，讓老屋不僅是餐飲空間

青田七六

台北市大安區青田街7巷6號

傳遞老故事與創造新回憶，
是老房子營運的主軸，
而味覺也是我們用來記憶一個地方的方式之一。

——————————————— **水瓶子**（青田七六文化長）

青田七六位於充滿日式氛圍的巷弄中。

台北市青田街是一條充滿日式氛圍的巷弄，隱藏著許多老宿舍群，其中位於七巷六號的「青田七六」，是由日治時期台北帝國大學足立仁教授起建的和洋建築，戰後改由台灣大學馬廷英教授入住，二〇一一年幾位台大地質系畢業的校友接下古蹟再利用委託營運的重任，以文化推廣及餐飲空間形式對外開放。

綠樹掩映著整棟木造建築，古樸且充滿悠閒的氛圍；走進屋內，著襪踩在木地板上，穿過長長走道，在光影變化間感覺建築深深的年歲；坐下來喝杯富有房子主人故事的飲料，太多角落、許多片刻，都讓人沉浸在老房子的美好中。

來到「青田七六」，可以在此認識古蹟故事與地球科學，悠然享用餐飲。不過，也有人不喜老屋以餐廳形式活化，正反意見都有，「青田七六」營運團隊逐步調整步伐，慢慢找出屬於他們活化古蹟的方式。

源起

校友組團、維護管理教授之家

台北帝國大學於一九二八年開校，當時教授住宅尚未解決，於是教授們便在青田街自力蓋了二十九棟建築。其中一位專研蔗

↑遛遛七六小書房外的庭院。

→青田七六由「黃金種子文化事業有限公司」營運規劃，圖為負責對外公關及活動的文化長水瓶子。

糖土壤改良的足立仁，自己規劃和洋混合的住宅，家屋最特別的地方是有個可曬太陽的陽光室，屋頂利用透明材質可讓光線灑落；陽光室外原是一座讓小孩練身體的游泳池，後於一九六〇年代拆除；每個房間至少有兩個出入門，方便走動且考量逃生安全。戰後，則改由地質學家馬廷英教授入住，一直到二〇〇七年為止，都是馬家的住所。這棟建築在二〇〇六年以「國立臺灣大學日式宿舍馬廷英故居」之名被指定為市定古蹟，二〇一〇年台大以公開招標方式委外營運，由團隊成員多為台大地質系畢業的「黃金種子文化事業有限公司」接下修復營運的活化任務。最初曾想做為台北地質故事館，後因考量到營運的長期性，最終定調為推廣地球科學的餐廳。

整修規劃

分階段搶時間，經費有限的修繕方式

二〇一〇年委外，翌年正式取得營運權的「黃金種子文化事業有限公司」團隊，因建築屋況還不錯，決定減少改動，盡量保留原有歷史痕跡；至於經費不足，便採用「以人工和時間取代一次性投入大量資本」的整修方式。負責對外公關及活動規劃的文

化長水瓶子說，他腦海裡記得的是團隊成員不斷掃地的畫面；而籌備時就參與工作的同仁楊晴茗說，正式開門營運前，團隊已整整投入千餘萬元費用，負擔很重，因此人力無法大量增聘，僅能靠原有的人手慢慢修整，甚至有台大地質系教授前來主動幫忙，如果是庭院植物需要灑水疏草，就靠成員自己提早上班來做吧！

營運後，每個月休一天的青田七六只能抓緊時間整修，不能恣意閉館；為了安全更換電線，得趁月休日動工，因此分階段花上快一年才完成；窗戶的灰泥窗框要修，還得趕上好天氣才能動工，師傅一邊在窗外修，客人一邊在屋內用餐順道欣賞古蹟修復進行式……，這些不得不為的情況反而成為一種古蹟教育方式。雖然分階段維護古蹟讓費用增高許多，但面對營運的現實壓力，不能關門整修，因此店休這一天，對青田七六來說便相當重要。

長廊的一側是陽光室，可享受陽光自然灑入。

青田七六由許多相通小房間組成，每個空間都不大，但卻擁有獨立空間的隱私感。

營運

以導覽傳播古蹟教育，員工人人都能解說

導覽，是許多古蹟用來介紹自己的方法，青田七六上午導覽為固定時段，講師背景多元，不管是自家員工或來自外界，都是經過層層考驗後才能上線，因此說起歷史來活潑又生動，就連庭院裡的楓香樹生了褐根病，也能成為導覽主題，讓樹的生老病死成為青田七六生命教育的一部分。

多位老師從二〇一一年開館時就加入服務，因為認同理念，甚至分文不取，願意陪著青田七六一起努力。青田七六考量到導覽老師的辛苦，則提供老師本人用餐免費的福利。至今，連同員工，合格的導覽老師已有十七位，包括前屋主馬廷英教授的大兒子作家亮軒，早上免費的文化導覽已是青田七六的招牌活動了。

除了上午的導覽活動，也邀請許多人前來舉辦旅遊、文史、音樂、茶道等小型講座，二〇一二年開始更走出青田七六，擴及街區慢步。二〇一八年開始辦理「七六聚樂部」，一系列精油芳療、和服體驗、和菓子製作活動等，在老屋裡感受更多元的文化及樂趣。就算文化活動有收費，但求打平卻屬不易，然為了文化

陽光室是足立仁教授的原始設計。

使命，課程仍然要持續下去。

有別於上午場導覽至少一小時，二〇一七年下半年，青田七六還推出夜間半小時微導覽，由餐廳服務人員為客人介紹空間及故事，讓客人用餐時可輕鬆認識古蹟。而營運團隊亦透過導覽來驗收員工，另一方面還可增加其服務熱情和向心力，讓員工覺得自己服務的青田七六和其他餐廳不一樣！

古蹟當餐廳，讓故事上菜單

傳遞老故事與創造新回憶，是老房子營運的主軸，而味覺也是我們用來記憶一個地方的方式之一。水瓶子說就讓故事上菜單吧！青田七六抽取過往歷史片段衍伸為餐點內容：例如馬廷英一次吃七十個水餃以減少肚子餓導致打斷研究思緒，因此「青田水餃」出現了；「薄鹽蓮藕酥片」則取材這裡曾種過蓮花的過往；秋日限定的甜點，以北埔的柿子塞入豆沙內餡及起士，象徵和洋混合，更是原屋主亮軒的最愛；首任主人足立仁研究甘蔗，有個特別的隱藏版「蔗之醇」，是冰滴咖啡與天然蔗汁相遇。青田七六強化食物和記憶結合，讓每一口美好感覺都有故事能夠被傳播。餐點價位從每人二百餘到一千六百八十元的預定宴席料理都有，許多客人都喜歡把這裡當成自己家來宴客，其中，亮軒更是常客。

古蹟成為餐廳的營運形式，這讓青田七六被喜愛也常被誤解，總經理曾令慧指出，為了保護木造建築，料理是在後方一九六〇年代蓋的磚房內完成的；為了降低油煙影響環境，菜單取消油炸料理，並裝設最高規格靜電處理機，更每年花上數萬元申請檢測，以實際行動降低民眾疑慮；導覽時不使用擴音器，晚上九點前結束營業，以免影響到鄰居的安寧。

不申請政府補助，自己要自足

黃金種子團隊曾創意十足地想了「岩石冰淇淋企劃案」去經濟部提案，想讓北投石、安山岩、台灣玉等成為冰淇淋主題來推廣地質，一方面也可增加收入。水瓶子說，沒想到遇到台灣塑化劑與起雲劑風暴，客人產生疑慮；加上造型甜筒不易保存，攤車外觀與古蹟不合拍……，種種規劃與實際執行間的落差，導致計畫效果不佳草草結束。自此團隊決定之後不再申請政府補助，自己的古蹟自己愛！團隊以高標準來照顧古蹟，日日開店前逐一檢查巡檢表，每年送交報告給台灣大學和台北市政府文化局，兩個主管單位的要求都做到了！也獲督導委員讚美，肯定團隊的努力。

營運七年來，團隊遇到文資法修法，導致原非屬必要的因

「蔗之醇」是冰滴咖啡與天然蔗汁相遇。

文化導覽已是青田七六的招牌活動。（圖片提供／青田七六）

應計畫，需補件辦理，曾令慧說，這項足足增加幾十萬元支出，修繕費亦逐年增加；而楓香樹發生褐根病耗費近百萬，這些都是團隊一開始未曾預先評估的意外支出。許多人以為青田七六常滿座生意好，鐵定賺不少錢，但實際上付出去的遠遠超出想像，且因為不能一次汰換設備改善環境，只能年年邊賺邊改！最新的「遛遛七六小書房」，在二〇一八年春日完成改造，讓訪客來此可輕鬆閱讀歷史人文與地球科學書籍。

青田七六場域大、人力多，內外場共約二十五位員工，而文化導覽辦公室員工則有五人，收入得用在薪資、員工福利、房屋修繕、導覽以及回補初期投資的虧損，營運至今旦求損益平衡，既然決定不申請補助，又該如何達標？多方考量之下，二〇一二年團隊接下台大農化系陳玉麟教授居住過的另一棟老房子，成立「野草居食屋」，讓兩處部分食材共用，以攤提成本。二〇一七年因人力成本增加等因素，青田七六產生虧損，曾令慧笑嘲說：「唉！沒有理由，就是不夠努力，要繼續加油啦。」

遛遛七六小書房，提供附近昭和町歷史人文景點、地球科學相關書籍，讓大家自在翻閱。

以活動強化推廣，一葉葉長出來的故事

青田七六老屋活化最大的魅力是故事多，足立仁教授後人足立元彥曾和馬廷英教授後人亮軒，兩代屋主在此相會，帶來滿滿

岩石牆上面是台灣366花卉的圖騰，配合生日花語可為贈送朋友的禮品加值。

回憶與感動，讓故事不斷延續。

「蠻奇妙的，當你喜歡做這件事情，會發現很多人主動來提供幫助。」楊晴茗說，青田七六團隊獲得許多貴人相助。初始，團隊將台灣常見植物花朵與誕生日結合推出三六六生日花計畫，一本放在二手書店展示的生日花書籍引來專精博物館管理、「從天而降」的兩位營運顧問自願加入給了協助，讓青出七六營運不斷精進。「青田七六這棟房子本身就有吸引貴人的能量」，楊晴茗這麼覺得。行銷上，水瓶子說其實是房子本身吸客，並沒有太多特殊作法，頂多是團隊近年將導覽資料放在官網上，許多人下載使用，讓傳播效益越來越高。目前青田七六平均一年約三百二十場各式導覽、講座、科普活動，至今已辦超過兩千場活動，每月訪客萬餘人，越來越多人愛上這裡。

目前除青田七六和野草居食屋兩處據點外，黃金種子團隊持續尋覓適合的第三處或第四處有故事的老房子，曾令慧說，找到適合的老房子，導入適合的活化方式，讓老屋能自給自足，使更多人一起進到老屋，這是未來也是現在的目標。

文／葉益青　攝影／范文芳

青田七六

老屋創生帖

找到適合的老房子，
透過公開導覽與餐飲服務，
讓大家使用這個空間。

水瓶子

老屋再利用建議

1. 房子維修過程若能讓民眾看得到是很好的教育，邊修邊讓民眾了解，比閉門修好開放更好。
2. 再利用時，要把周邊社區的生活習慣一起考慮，方能不擾鄰且好好互動。
3. 老屋營運最大的魅力是故事很多，要能將過往歷史找出來。

老屋檔案

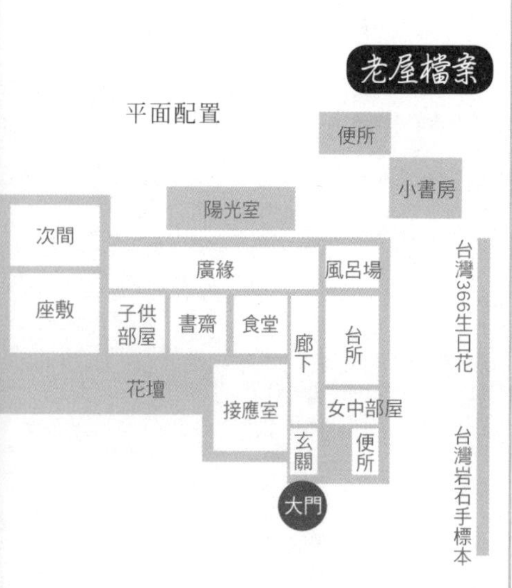

地址／台北市大安區青田街7巷6號
電話／02-89787499（導覽申請）；02-23916676（餐飲服務）
開放時間／餐飲服務分成午餐11：30、午茶14：30、晚餐17：30三時段，每月第一個周一休館（到訪前先參考官方網站確認）
文資身分／市定古蹟
起建年分／1931年
原始用途／住宅
建物大小／占地206坪，建築40坪
再利用營運日期／2011年6月
建物所有權／台灣大學
取得經營模式／租賃
修繕費用／期初約1,000萬元左右
收入來源／餐飲99%、導覽等文化活動1%（每年平均約320場）

餐飲 99%
導覽等文化活動 1%

玄武岩
投幣10元
青田七六
Home,
Sweet Home.
歡迎回家
生日快樂

起建年分
清末時期
起

跨時空老屋
遇上音樂酒吧
蘿拉冷飲店

台南市中西區信義街110號

在這年代，大家習慣東西壞了就丟，
但老東西是越用越發堅韌、
越久越有味道。

——————————**林文濱**（現任經營者）

林文濱從十多年前起，就開啟了老屋營運這條不歸路。

憑著對老東西及老房子的熱愛，在台南陸續經營了「Kinks老房子」酒吧、「順風號」咖啡館、「Wire破屋」餐廳、「鐵花窗」民宿等的林文濱，從十多年前起，就開啟了老屋營運這條不歸路，二〇一七年二月，再度為老屋新生團隊增加一名生力軍「Lola蘿拉冷飲店」。不過這回很不一樣，是他頭一次接手清代時期的房子，再以音樂、電影、酒吧三大元素構成了蘿拉冷飲店的靈魂，是酒吧也是展演空間，賣調酒也賣黑膠唱片。然而，沒有明顯招牌的蘿拉冷飲店外觀時常教人摸不著頭緒，但找到路徑推開門，裡頭卻是別有洞天。

源起

跨年代的兩棟建築，營造出時空穿梭感

蘿拉冷飲店的內部格局很有意思，是由兩棟不同年代的建築打通構成；前棟是一九六〇年代的兩層樓房，後棟則是源自清代（推測約為清代末年）的挑高木造老屋，遊走其中，頗有穿梭時空的趣味感。老闆林文濱便依此特性，將室內空間規劃為不同區塊來營造時代氛圍，前棟是日治時期風行的和洋式，後棟則從梁側的木紋雕花、木牆上的礦物彩等，帶出了清代的氣息，暗喻台

蘿拉冷飲店位於信義街，外觀低調但頗引人好奇。

灣所走過的歷史——清代、日治以及現今的民國時期。

對於看中的老房子，林文濱出手極為快速。蘿拉冷飲店現址原先的承租方，是一間名為「烹書」、風格獨特的餐廳。有天，林文濱從租屋網上得知這個房屋釋出租賃的消息，過沒幾天，他便與房東完成簽約手續，「主要是看中後棟的空間，很少看到清代的房子有如此挑高的。」蘿拉冷飲店的其中一位股東，即樂團「1976」的主唱阿凱，他與房東都是一九七六年出生的，「感覺似乎跟七六這組數字特別有緣，店裡的電話也選了七六做為結尾，這是我女友看了一些神祕學的書所做的決定。」加上這段奇妙的數字緣分，林文濱與這棟老屋的緣分，就此結下。

百年城門兌悅門的前方就是信義街，早期是通往安平港的要道，現今古樸的街道，讓人彷彿走入時空隧道。

整修規劃

以舊料取代腐朽，以修復代替增建

雖然決定很快，但接手以後的整修過程，才是考驗的開始。林文濱坦言，整修前，這棟老屋的狀況不太好，有五根梁柱下陷，導致天花板至少有五處下雨時會漏水，加上隔壁也是一棟木造老屋，兩間房子共用一面木牆，牆上有許多縫隙及多塊木板遺失，「等於從我們這邊就可以看到隔壁房子的內部。」林文濱描述當時屋況，水不只會從天花板漏下來，也會從隔壁房子的牆面、地板慢慢流進來。不僅如此，這條信義街為台南市區地勢低窪之處，蘿拉冷飲店的位置又在「街中最低」，如何解決水患是整修時的首要事項。

「於是我們就買了抽水機和沙包。」林文濱說此為其一。其二則是利用木頭舊料，將梁柱、牆面等一一修復，基本上使用的木材不是

←↙前棟空間規劃為日治時期流行的和洋式風格。

←店內的桌椅、燈具及擺設幾乎都是老件，多來自林文濱本身的收藏。

特別獨到的種類，但林文濱堅持一定要是實心的舊料，「實木不怕水，遇水陰乾就好了，加上室內有空調也能吸收濕氣，沒有了濕氣也就不會吸引白蟻來。」這是環環相扣的學問。

然而，利用舊料修復老屋著實不易，必須先將舊料經過去漆、拔釘、刨平、打磨、上油等步驟後，才能使用，不僅時間成本頗高，也鮮有木工師傅願意接手，加上資金有限，於是，林文濱與女友晶晶兩人挽起袖子自己來！每天從早上修到晚上十一、十二點，「有時都覺得我們不是在開店，而是在做古蹟修復。」

此外，為了考量營運後會播放大量的音樂及舉辦音樂活動，隔音工程也是整修時的重點，但這對於木造的老房子來說，可是一大挑戰。就以在天花板上釘有吸音作用的木絲板來說，由於清代房屋的木梁間距不一，而且每一根梁的首尾也非等寬，也就是說，每根木頭都有自己的形狀和尺寸，因此在將木絲板鎖進木

各種燈飾溫潤耐看，是老燈具特有的美感。

梁的過程中，總是需要反覆測量，爬上鷹架、拿上搬下，要磨合好幾次才能完成。況且每塊木絲板又重又大，常常一天鎖不到幾片天就黑了。施工過程中，當天花板上積了百年的灰塵掉到眼睛裡，將自己搞得灰頭土臉的時候，晶晶苦笑著說：「常會自我懷疑為何自找麻煩。」

布置方面，店內的桌椅、燈具及擺設幾乎都是老件，多數來自林文濱本身的收藏，有些則是發揮巧思，將不堪使用的老料賦予新的生命，比如吧檯，即是用老氣窗改造而成，新舊交融，讓空間更有意思又不會有違和感。「在這年代，大家習慣東西壞了就丟，但老東西是越用越發堅韌、越久越有味道。」這是對老物癡迷的林文濱的堅持。

營運

推廣音樂，是營運的第一信念

音樂、電影、酒吧是蘿拉冷飲店營運的三大項目，而音樂更是其中的主軸。曾在唱片行工作、熱愛搖滾樂的林文濱，認為

閣樓上的小空間。

這扇清代木造氣窗，發現時已破損，全靠店主巧手修復成現在的模樣。

後棟木牆上的顏色是店主參考清代常用色彩所調製的。

創作者賦予音樂很強的精神性，每首歌曲不只是一個故事，更蘊含了富有生命力的哲理。在過去的年代，人們會花時間逛唱片行、閱讀歌詞，探尋歌曲背後的意義，不過隨著數位時代帶來的便利性，人們很容易就可以獲得大量的音樂，但就像是速食，流行得快、汰換也快，少了以往音樂所帶來的雋永、珍貴的價值。

因此，在營運面，蘿拉冷飲店的首要目的，就是推廣音樂。店內所播放的音樂，主要以搖滾樂為主，有時也會出現日本、西洋，甚至是泰國、印尼等一般在台灣比較不熟悉的東南亞音樂，取向相當多元。這裡也是音樂迷的交流天堂，一進門的入口處擺放了許多黑膠唱片及CD，歡迎同好來挖寶、分享，有時還會舉辦各種音樂活動或相關講座，只要把平時擺放在後棟的桌椅搬開，就是小型展演場地，包括林強、小樹、朱約信等人，都曾在此舉辦音樂活動。店名由來也和音樂有關，是來自英國樂團The Kinks一首名為「Lola」的歌曲，描述一個男孩愛上了一位變性的女孩，反觀現在這個世代，人們越來越往中性的特質靠攏，因此，人人都是蘿拉。

非典型的酒吧，吸引多方客群

牆上播放的無聲經典電影，也顯示了店主的興趣及品味，就算是一個人來這裡也不感到無聊，反倒能靜靜地咀嚼出經典電影的獨特魅力。有趣的是，其實剛開始營運的前半年，蘿拉冷飲店並非以酒吧為定位，而是自下午二點營業至午夜十二點，希望能吸引下午茶或晚餐的客群，「開酒吧十四年，有點年紀了，不想太晚睡。」然而，或許是酒吧印象已經深深烙在林文濱的身上，總是晚上才有客人，而且越晚還人越多，因此只好順勢將營業時間稍做調整，改為現今所看到的晚上六點至凌晨一、二點。

店內除了供應酒精飲料，也有不含酒精的軟性飲品以及咖啡、茶類，餐點除了適合佐酒的滷味、點心拼盤等，也提供現烤比薩和飯類簡餐，菜單會定期更換品項。目前店內的收入還是以餐飲為主，唱片、表演、講座等活動收入為輔，店內大小事主要由林文濱和晶晶兩人打理，假日會有一位工讀生來協助。「老實

店內也有供應不含酒精的飲品，如玫瑰柚子蘇打。

一進門的入口處擺放了許多黑膠唱片及CD，歡迎樂迷來挖寶。

說我們不太懂宣傳行銷，主要還是靠客人的口耳相傳。」靠著口碑自動傳播，蘿拉冷飲店的客群分布很廣，但有個共通點，就是對音樂、電影或老物有興趣的人，除了時髦的年輕人外，也有不少音樂人、設計師、大學教授等族群，甚至還有客人會帶父母、長輩來，一起享受台南的老派之夜。

關於未來，兩人都期盼蘿拉冷飲店能成為國際化的音樂、藝文交流的平台，將台灣的音樂介紹到國外去，也把國外的音樂帶給台灣樂迷。「對於未來，沒有人真的能清楚知道會發生什麼事，那些社會上所謂的成功方程式，其實也不是真的那麼管用。我們所能做的，就是想辦法讓自己好好活著吧。」林文濱和晶晶的一席話，道盡了老屋營運的辛酸與甜美。

文／高嘉聆　攝影／林韋言

店內所播放的音樂取向相當多元，主要以搖滾樂為主。

蘿拉冷飲店

老屋創生帖

以音樂、電影、酒吧為營運主軸，
期盼成為國內外音樂、藝文交流的平台。

（圖片提供／林文濱）

林文濱

老屋再利用建議

1. 堅持利用實木舊料修復老屋，不怕濕氣與白蟻來騷擾。
2. 考量營運後會播放大量的音樂及舉辦音樂活動，必須注意隔音問題。
3. 發揮巧思將不堪使用的老料賦予新生命，讓空間更有意思又不會有違和感。

老屋檔案

平面配置

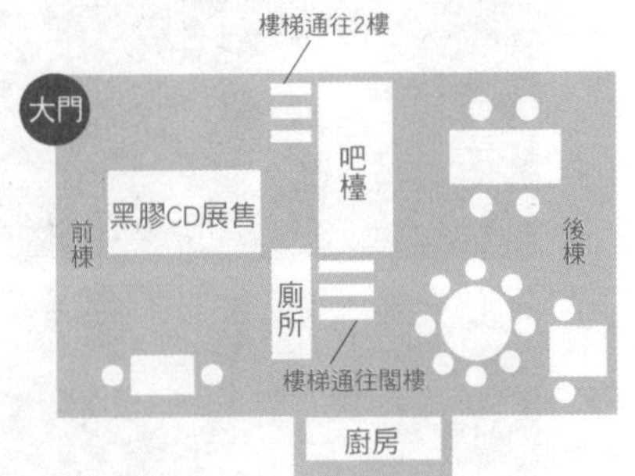

地址／台南市中西區信義街110號
電話／06-2228376
開放時間／周日至周四18：00～01：00，周五、周六18：00～02：00（周一公休）
文資身分／無
起建年分／前棟為1960年代，後棟推測為清末
原始用途／住宅
建物大小／25坪
再利用營運日期／2017年2月
建物所有權／私人
取得經營模式／租賃
修繕費用／100萬元
收入來源／餐飲95%、其他（實體唱片、活動、講座）5%

餐飲 95%

實體唱片、活動、講座 5%

MARTINI
1757
BIANCO
恒升
BLACK

推廣食農文化的紅磚小洋樓

好市集手作料理

高　雄　市　鼓　山　一　路　1　9　號

期許自己的餐廳
成為一個「生產者、料理人、消費者」三方，
透過飲食，能互相學習、交流的平台。
——————————**黃穎**（現任經營者）

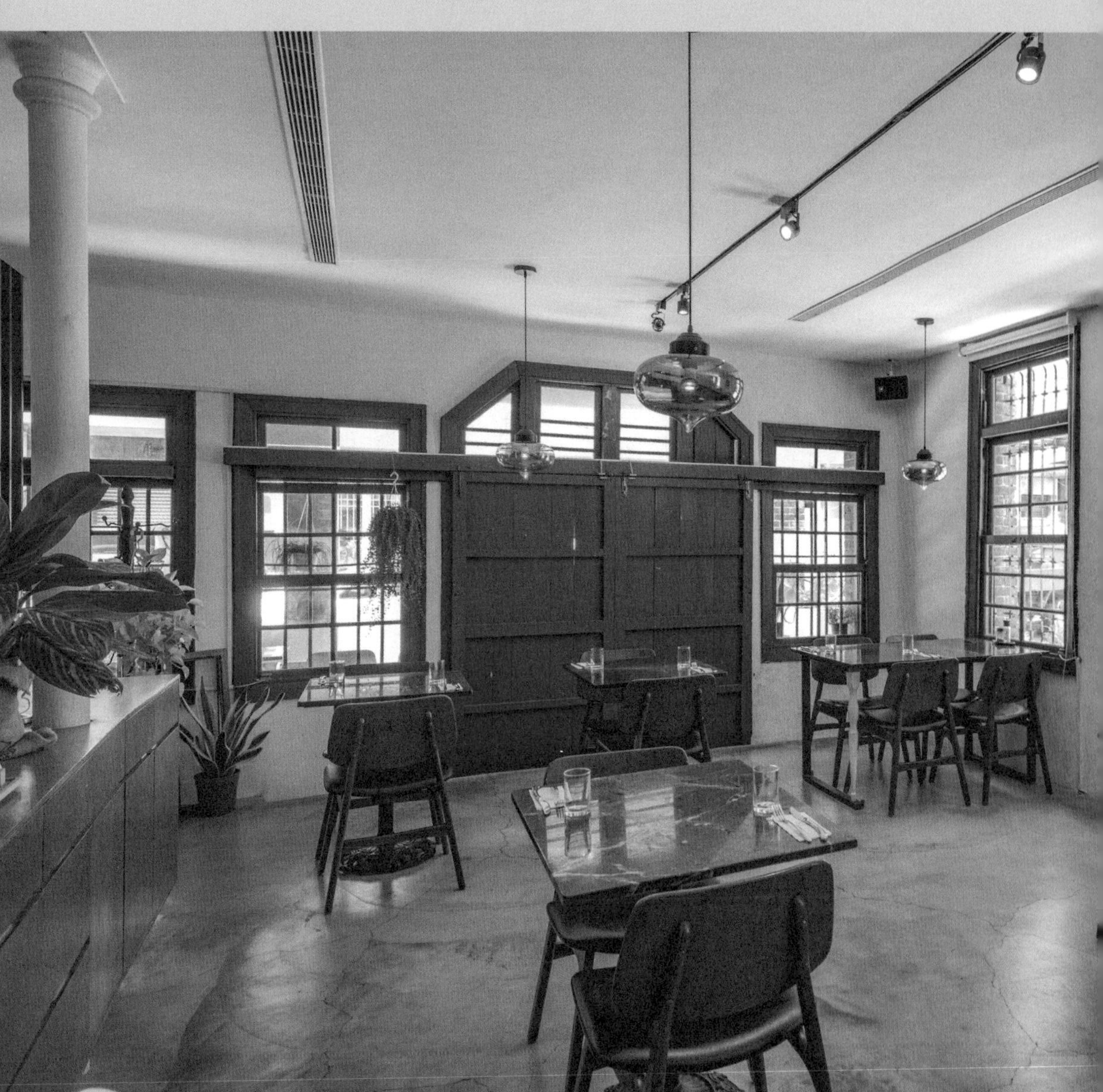

從高雄捷運西子灣站二號出口步出，來到鼓山一路，這裡是曾經繁華、如今歸於平淡的「哈瑪星」老街一部分。近些年來，都市更新風潮興起，哈瑪星區域陸續有不少老建築消失，存留下來有的荒廢、有些再生，一棟兩層樓紅磚老洋房的「合美運輸組」則幸運轉化為「好市集手作料理」。

根據打狗文史再興會社的調查，「合美運輸組」這棟歷史超過九十年的老屋，日治時期由日人經營，從事海陸貨運；一樓設有兩個大門，以方便人、貨進出。戰後這裡曾經做為販仔間（讓販夫走卒投宿的客棧）、打鐵鋪等，也閒置過，但紮實的結構與細緻的窗櫺、柱身，即使蒙塵仍不掩風華。

二〇一四年五月，黃穎在這裡創辦了「好市集手作料理 Le Bon Marche」，讓這棟老屋有了新的靈魂，他盡量取用高雄在地食材，邀請農人親自介紹產品，期望讓這裡成為推廣「食農文化」的南歐料理餐廳。

源起

料理職人，對老屋一見鍾情

好市集的主廚兼經營者黃穎，一九八四年出生於高雄，有著十三年硬底西餐廚藝經歷，個人裝扮如同自家餐廳風格——輕鬆、自在、又帶點混搭。問起為何選擇老宅開店？

「小時候寒暑假，我都會回外公外婆家，那是屏東已拆遷的外省眷村，十六、七歲時，發現高雄、台南許多眷村都在拆，我被兒時生活的記憶召喚，開始到處撿拾遺留在眷村的窗框、舊沙發、老摩托車、舊玩具等。直到二十幾歲，還常跟朋友到老屋探祕，包括哈瑪星一帶的老屋也在探訪範圍。」黃穎娓娓說起青少年時期開始的撿拾

「哈瑪星」老高雄昔日商業區

「哈瑪星」是日語「濱線」（はません，Hamasen）的台灣話音譯，日治時期日人在臨近高雄港的此區填海造陸，設立兩條通往商港、漁港和漁市場的濱海鐵路，使得這一帶曾是高雄的工商業、金融及漁業重鎮。在高雄市役所（市政府）、高雄驛（火車站）於1940年代遷移、且1970年代遠洋漁業被前鎮漁港取代後，哈瑪星不再繁華。老高雄人習慣說的哈瑪星，泛指今日的南鼓山地區。

舊物癖。

二〇一四年，而立之年的黃穎，在太太及雙方家人支持下，在故鄉籌劃創業。看屋過程中，鼓山一路的這間紅磚洋樓打中了他的心。「合美運輸組」一樓正面有南台灣老屋常見的亭仔腳，紅磚砌成的柱身厚實，柱身裝飾有白色水平飾帶，紅白交錯營造出華麗感；二樓正面塗著白漆，線條相對簡潔，側立面則同樣是溫暖的紅磚砌牆。屋頂雖已翻修為假瓦片，仍採取原本的屋頂樣式。

「我對鼓山區本來就很有感情，也喜歡老屋，特別中意它的方正格局與寬敞平面，適合餐飲空間，許多細節也令人驚豔，像是二樓一角的花地磚，覺得很能凸顯為餐廳特色。」黃穎說起與老屋的緣分。

然而，這條街當時仍很蕭瑟，且是單向道交通不便，地點離繁華市區有段距離，家人紛紛勸說不宜。黃穎的太太猶記陪著來看屋時，

好市集的主廚兼經營者──黃穎。

哈瑪星老街上，兩層樓紅磚老洋房的「合美運輸組」是這個街廓迷人的亮點。

心裡其實「有點害怕、不敢進來」，屋內因為有木板隔間，顯得陰暗，灰塵也多，而且一、二樓間的地板已經多處坍塌。黃穎自己也猶豫：「其實一開始並沒有設定在老屋開店，我很清楚整修老房子的問題很多，且開銷會很大。」然而，跟這棟老屋彷彿一見鍾情，最終還是決定放手承租。

整修規劃

依附房子本身調性，裝潢越少越好

黃穎原本考慮把老屋直接買下，但協商後屋主只願意租賃，談定了四年租約（期滿再續約四年），黃穎的心情像是「短暫擁有一個大型老件」，也承諾屋主以「不破壞原本房屋結構與特色」為裝修原則。他找來設計師朋友協助裝修，希望符合餐飲空間需求又保有老屋原味，只是沒想到，問題在開工後一一浮現，使得工期延長為四個多月，預算也不斷追加。

屋頂上的木頭桁架，吊燈從上而降。貫穿一、二樓的格柵線條，是唯一稍加設計的裝飾。

首先，由於一、二樓間的木隔板很薄，無法載重且已搖搖欲墜，不得不拆除，以鋼構重新加強結構；其次，老屋沒有現代水電等管線，一樓地面不曾鋪設水泥，既不平整也多粉塵，必須先把地板打掉，再重新埋管與鋪上地板；再來，頗有特色的大面積開窗，因原本木窗框多損壞腐朽，上推式的窗戶也因金屬配件壞掉而卡住，請來專門修理老窗的師傅，花了一個多月，以傳統工法在舊木料上補強，並找到同型的卡榫構件加以替換，最終所有窗戶都煥然一新，但其實每一扇都是用舊框修繕的。

「後來覺得有點後悔，因為每扇窗都修到能平滑上推，這很費時又花錢，但餐廳實際營運後，根本難得開窗！」黃穎自嘲說。

所費不貲的工程項目還包括：新做了廁所；基於安全考量、把原本的窄斜檜木樓梯拆除，增設寬敞樓梯；加強屋頂的木結構；因為開窗多、屋頂直曬以致夏日暑氣難耐，斥資裝

用餐空間以符合餐飲需求又保有老屋原味為裝修原則。

老屋原有大面積開窗，花了一個多月，以傳統工法在舊木料上補強，讓所有窗戶煥然一新。

設冷氣機，且考量到若直接在屋頂裝降溫的灑水器，恐怕會傷害屋頂木結構，因此轉而在每扇窗的玻璃加上隔熱膜。大大小小的工程，含設計費共花了四百多萬元，「同樣大小的商用空間，頂多投入一百多萬元。我的創業成本主要都花在打造空間裡頭的基礎設施上。」黃穎說。

至於餐廳的裝潢布置，對黃穎來說反而越少越好，他說：「這棟屋子本身的調性強烈，因此我跟設計師的共識是，不去添加風格，只是依附它。」老屋原具備的敞亮通透，以及屋頂木結構的溫潤感，自然地成就了一間「親子餐廳」理想的放鬆氣氛，又不失品味質感。

而店內所有家具，都是出於使用需求設置的，像是做為出菜、服務站的吧檯；貫穿一、二樓的格柵線條，也做為二樓邊緣的扶手欄杆，則是唯一稍加設計的裝飾。

就算家中有許多長年收集的各式老件，但黃穎絕不會隨便擺來放在店裡，目前只擺放最愛的偉士牌機車，並用老雜貨店的木頭菸櫃放菜單，他說：「房子已經很老了，寧願讓空間留白，如果再刻意擺老件，會很像文物館。」

保留二樓一角的花地磚，成為餐廳的一大特色。

營運

用美好飲食與空間體驗，撫慰人心

推開好市集的玻璃大門，迎面是一張大木桌，有鮮花、蔬果妝點，擺滿中外料理書籍、進口食材、餐廳自製的醬料等；抬頭一望，一、二樓的地板被打開，一眼能望見屋頂的木頭桁架；放眼四周，除了有座高大吧檯做為餐廳樞紐，傳遞著食物與香氣，其餘就是用餐空間，沒有多餘擺設與裝飾，只有三側開窗自然灑入的光影，在蛇紋玉石的綠色餐桌上舞動。

自二〇一四年五月營運至今，好市集靠著老客人的愛護與口碑相傳，已站穩腳跟。黃穎向來喜歡料理、喜歡人群，有了自己的基地，更放手實踐對餐飲的熱血理想，身兼主廚與經營者的他，期許自己的餐廳成為一個「生產者、料理人、消費者」三方，透過飲食，能互相學習、交流的平台，他刻意用高雄在地、當

推開玻璃大門，迎面的是一張大木桌，上有鮮花、蔬果妝點，並擺滿中外料理書籍、進口食材、餐廳自製的醬料等。

令食材入菜，希望帶動消費者了解與認同食農文化。南歐料理本就是風格混搭、講求原味的烹調方式，店內菜單雖然固定，但會按時令變化元素，標榜吃得到「旬味」。此外，他也和志同道合的高雄餐飲業者形成網絡，共同創辦推廣食農文化的刊物，也不時結伴拜訪產地。例如，曾去屏東縣新園鄉拜訪最後一戶蘆筍農，才知道過去新園因日照充足、沙地排水良好、農民勤奮，曾經是蘆筍外銷大本營，卻因工業區設置改變環境，讓蘆筍產業衰敗。看到趕在清晨太陽未露臉時採摘下的鮮嫩多汁、口感纖細的蘆筍，黃穎也趁著清明到夏至的美味高峰季節，設計入菜。

擁有舒適怡然的空間，好市集也吸引了一些品牌企業主動洽談合作，曾有服飾品牌業者委託舉辦VIP餐會，餐廳團隊除了提供美好料理，更特別請花藝老師將二樓妝點成溫室與穀倉的溫馨意象。此外，黃穎也不定時利用二樓寬敞空間，舉辦食農講座或活動，像高雄甲仙的有機甘蔗農友就曾來店內示範製作黑糖。很多構想都在黃穎腦海跳動著，讓料理隨著老屋散發感動餘韻。

黃穎謙稱，隨著年紀、視野漸長，才有一些社會公益的思考，「做對的事，對生態環境也好。台灣餐飲業應該走向專業，而不是打價格戰，只要秉持專業，自然會有客層。」老屋開店是緣分，他從不刻意販賣「老屋」情調，因為這一切原本就是情感所向，也是美好空間體驗的應然，「但是如果再開店，我不會再選老屋，負擔太大了。」「不過當初如果租了別處，說不定就沒有這麼多好運道了。」他忍不住又補充一句。

文／陳歆怡　攝影／陳伯義

講求原味烹調方式的南歐料理。

黃穎喜歡走逛小農市集，向在地農友請益。

好市集手作料理

老屋創生帖

推廣「食農文化」，
引入在地節氣食材的南歐料理，
創造美好空間感受與消費體驗。

黃穎

老屋再利用建議

1. 以老屋做為餐飲空間，要有整修工期延長與預算不斷追加的心理準備。
2. 在空間布置上，盡量不去添加風格，只是依附它。若刻意擺老件，會很像文物館。
3. 老屋開店是緣分，不刻意販賣「老屋」情調，而是要以主題呈現。

老屋檔案

平面配置

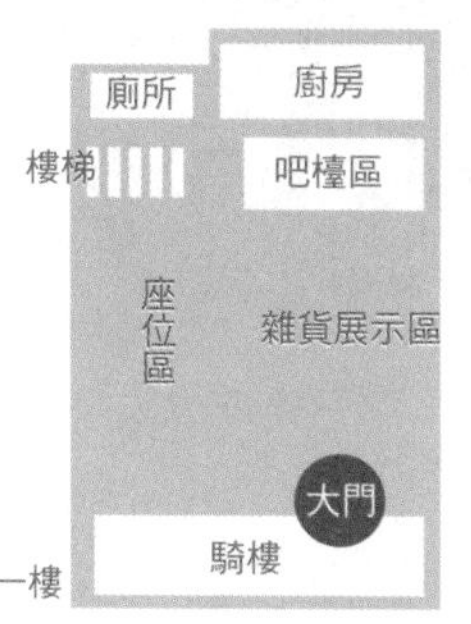

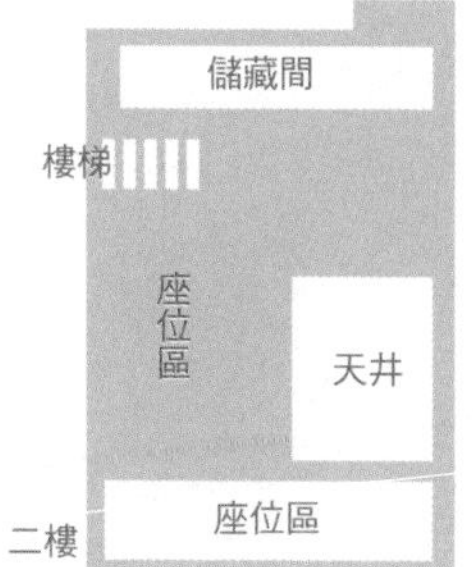

地址／高雄市鼓山一路19號
電話／07-5326899
開放時間／周三至周一11：00～14：30，18：00～22：00（周二公休）
文資身分／無
起建年分／約1920年代
原始用途／貿易商行
建物大小／一、二樓合計約80多坪
再利用營運日期／2014年5月
建物所有權／私人
取得經營模式／租賃
修繕費用／400多萬元
收入來源／餐飲99%、雜貨1%

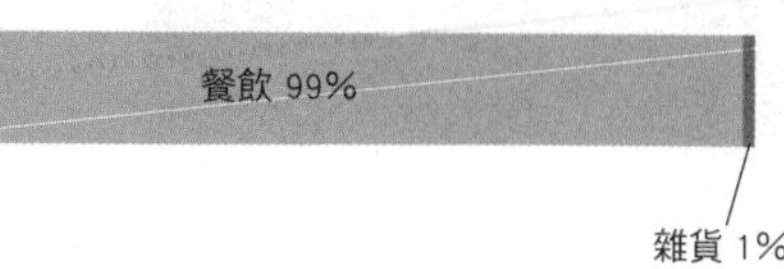

起建年分
日治時期

眷村老屋
與棕櫚糖的甜蜜效應

日食糖224

屏東市康定街22、24號

有人走動、有在使用，
老房子就有生命力，
並繼續承載著這一代的歷史，往下一代走去。
——————————**王華民**（現任經營者）

屏東市勝利新村是全台少見保留相當完整的眷村聚落，由於曾為將領住所，將「星」雲集，二〇一八年屏東縣政府將此區規劃為「勝利星村創意生活園區」，公開招募業者進駐，希望藉由各類型的民間營運力量，激發當地的發展潛力。「日食糖224」可說是早些年就進駐此區的「學長」，以非典型的餐飲經營模式探索出一條屬於自己的路，複合多方資源，廣泛聯結人們與老屋的關係，播下「老屋是大家的」種子，讓老房子在這個世代有另一番新的詮釋。

源起

老眷村「星」風貌，再現歷史價值

時間回到日治時期，台灣被日本視為南進基地，屏東更是日軍最南端的補給站，不少軍隊移防或擴編至屏東，一九三七年前後為了安置這些軍人及家眷，大批的宿舍聚落因而誕生。戰後國民政府將原本日軍家眷居住的宿舍改由國軍家眷入住，位於現今屏東市中山路與勝利路一帶的建築聚落，即為勝利新村。時至今日，這區帶有濃濃日本風的眷村聚落，已登錄為屏東縣歷史建築，並由屏東縣政府主導修復、公開招商，期盼以延續老屋價值、當地文史為原則，將勝利新村轉化為勝利「星」村，再次展現風華。

早在二〇一四年底，「日食糖224」就已進駐勝利星村，當時老闆王華民帶著推廣柬埔寨有機棕櫚糖的理念，以及在台北「小食糖Sugar Bistro」的創業經驗，來到屏東開展品牌的第二家店。他一路看著勝利星村成長，對於眷村老屋再利用的議題，他的想法是要讓人們與老屋產生聯結、互動，並且融入當代的生活方式，因此，在打造「日食糖224」時，就規劃要做一間「不只是餐廳的餐廳」。

營運

不只是餐廳，多元活動讓人們走進老屋

「日食糖224」的營運空間橫跨兩棟宿舍、占地約三百坪，門牌22、24號就是店名224的由來。兩棟宿舍格局類似，各有一

日食糖老闆王華民希望藉由餐飲及各種活動的舉辦，讓當代人與老屋產生新的聯結，同時也推廣有機棕櫚糖的食用與應用。

高矮相連的兩道圍牆，分別代表日治時期及戰後的時代印記。

棟主屋及側屋，主屋是日治時期保留下來的建築，為編竹夾泥牆構造，是過往將領及家眷的住所；側屋則是戰後才加蓋的水泥建築，由隨從居住。「日食糖224」接手後，除了帶入餐飲營運，也加入了藝文元素，前棟主屋一部分轉化為工作坊，不定期舉辦各種手作、飲食或與屏東原住民相關的活動，同時也開放藝術家駐村，因此前棟主屋另一部分即為藝術家的住所；側屋則是藝術家駐村期間的工作室或展演間，目前已接待過來自比利時、印度等國藝術家進駐，也為「日食糖224」留下不少具有可看性的作品。

穿越後方廊道可來到後棟寬敞的半戶外空間，透明帷幕下是戶外用餐區，也是藝文展示區，一旦需要舉辦庭園式的包場活動則可靈活使用。後棟主屋則是室內用餐區，保留一點昔日的格局，但又融合了當代的布置風格；一旁側屋則做為辦公室、倉儲使用。另外，兩棟宿舍都有大片的草皮，院子裡也栽種了許多花草樹木，這片戶外空間一直以來是舉辦市集、老樹講座，甚至是流浪動物認養活動的地點。

身為一間餐廳，為什麼要做這麼多與餐飲不相干的事呢？王華民希望老房子可以在當代人心中產生新的意義。因此，他邀請藝術家駐村，希望藉由當代觀點為老屋留下隻字片語；他規劃各種工作坊，讓人們除了用餐，還有其他理由願意走進這裡；他舉辦市集、講座、流浪動物認養活動等，期盼原與老屋沒有情感互動的年輕世代，自此產生新的聯結。在在都能看出王華民所追求的不只是「在老屋開餐廳」這麼簡單，拓展老屋的價值和精神才是他的最終目標。

宿舍周圍種有許多老樹，日食糖以不影響老樹生長的方式來做整建。

前棟側屋提供駐村藝術家進行創作、展覽等用途。

半戶外空間可以是用餐區，也能化為藝文展演現場。不論從營運方式或空間布置，日食糖224都不是採取典型餐廳的作法，而是多元複合的開放模式。

在眷村老屋推廣有機棕櫚糖

除了老屋，還有另一項也是王華民想積極推廣的，那就是品牌源頭：有機棕櫚糖。在大學畢業後的一次自助旅行中，王華民在柬埔寨感受到在地居民的善良與純樸，立下想為當地脫貧、蓋校的志願，開啟他推廣柬埔寨有機棕櫚糖的契機。棕櫚糖是當地糖農採收棕糖樹花蜜後，經過熬煮、日曬等過程所形成的金棕色砂糖，是柬埔寨主要食用糖的來源。王華民以契作的方式，改良棕櫚糖的製程並取得有機認證後，將其販售至台灣各通路，藉以改善柬埔寨居民的生活，同時藉由台北「小食糖」及屏東「日食糖224」兩家店，展現棕櫚糖的各種美味應用法。

在「日食糖224」裡，鮮奶茶、拿鐵咖啡、蛋糕、鬆餅等都採用具有天然代糖特性的棕櫚糖調味，特殊香氣及微酸口感讓人印象深刻，富有東南亞氣息。品嘗糖之外，這裡也賣

各種飲品在棕櫚糖的加入後，更顯清爽。

以棕櫚糖調味的鬆餅，伴著水果、冰淇淋，教人食指大動。

糖，同時教導第一次使用者如何運用，宛如是個小型的棕櫚糖教室。

各方跨界能量進駐，對未來保持樂觀

要經營一間非典型的餐廳並不簡單，想要在老屋空間內實踐理想更加不易。老屋本身就像是一個需要時時照護的老人，蟲害、維修、保養等樣樣都必須花時間、精力處理，而早已被登錄為歷史建築的建物，各式裝修都得先提出計畫審查通過才能進行。王華民坦言，與政府打交道固然有一些需要磨合、溝通的「鋩角」，但相對地，在租金上較能獲得比市價優惠的價格。以二〇一八年屏東縣政府針對勝利星村營運徵選新進駐的店家來說，平均每棟的月租金僅約一、二萬元，若多找幾個人一起開工作室，分攤成本，對剛起步的創業者來說，這樣的租金尚可負擔。

提及將來的發展，王華民樂觀看待勝利星村的未來，尤其在二〇一八年後縣政府投入更多預算整修老宿舍，同時也招來一批營運項目多元的業者進駐，像是背包客棧、主題書店、花藝設計、農創選物、眷村私廚等，各方跨界能量令人期待。至於關於與餐飲不相干的展覽、講座、工作坊，王華民堅定地表示還會繼續做下去。他舉例說明，「日食糖224」庭院裡有一棵自日治時期留下來的老橄欖樹，每年十一月結果，他們會將採收下來的橄欖釀造成醋，分送給左鄰右舍，年復一年，已然成為傳統，無形中也帶給鄰里一種印象：這棟老屋不只是老屋，而是有著自己生活印記的空間。王華民說：「有人走動、有在使用，老房子就有生命力，並繼續承載著這一代的歷史，往下一代走去。」這樣的想法很實際，也很美。

文／高嘉聆　攝影／林韋言

日食糖224除了有美味甜點，也有義大利麵等簡餐。

2901-012
22

日食糖224
老屋創生帖

藉由餐飲及各種活動的舉辦，
讓當代人與老屋產生新的聯結，
同時也推廣有機棕櫚糖的食用與應用。

王華民

老屋再利用建議

1. 老屋像是一個需要時時照護的老人，蟲害、維修、保養等都必須花時間、精力處理。
2. 登錄為歷史建築的建物，各式裝修都得先提出計畫審查通過才能進行。
3. 租用政府老屋在租金上較能獲得比市價優惠的價格，但需懂得與政府打交道的磨合與溝通的技巧。

老屋檔案

平面配置

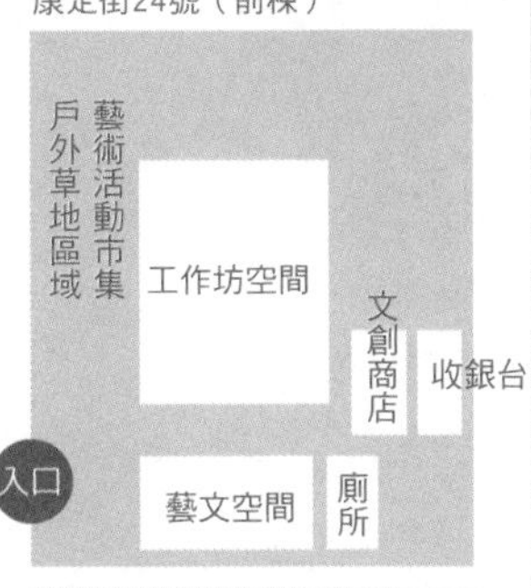

地址／屏東市康定街22、24號
電話／08-7669881
開放時間／周一至周日11：00～21：00
文資身分／歷史建築
起建年分／日治時期
原始用途／軍眷宿舍
建物大小／兩棟含庭院約300坪
再利用營運日期／2014年底
建物所有權／屏東縣政府
取得經營模式／經公開招標程序，取得租賃資格
修繕費用／約300萬元
收入來源／餐飲80%、活動及講座20%

餐飲 80%｜活動及講座 20%

與老房子融合的當代藝術空間 B.B.ART

起建年分 1930年代

台南市中西區民權路二段48號

想要裝滿過往痕跡，
也想充滿自己的想法，
這是打造B.B.ART的初衷。
——————————杜昭賢（B.B.ART藝術總監）

前身為台南第二間百貨販賣外國化妝品、生活用品的B.B.ART，二〇一二年在人稱「杜姐」的台南女兒杜昭賢改造下，成為一、三樓為藝廊，二樓是咖啡館的多功能使用空間，她期待大眾親近當代藝術，透過藝術來改造我們生活的環境。

源起

二十年前即啟動府城老房子再利用

在近年台灣興起老房子再利用風潮前，老家在台南民權路上的杜昭賢，早在一九九二年就曾將日治時期的銀行改造成為「新生態環境」，一間四百坪的藝術空間，一度成為台南藝術重鎮，然當時當代藝術在台北發展都已屬前衛，經營甚是不易，更何況是在台南這座古都。數年後因夢想無法持續，她遠走美國，二〇〇七年返台再續藝術夢想，在友愛街小巷改造老屋開設了「InArt Space 加力畫廊」。有了加力畫廊的營運經驗，五年後杜昭賢在經營B.B.ART時更加得心應手。B.B.ART整棟建物於一九三〇年代起建，原本是美利堅華洋百貨，三樓外觀最高處還可見到一個「美」字。建築形式一如許多台南老屋，前方當店面，後面為住家，中間圍繞著天井，居住者若需出門，不能走前門，得走後門，也因此設有多座樓梯提供進出需求。

杜昭賢長年推動當代藝術，曾經以藝術造街成功改造因地下街開挖失敗而荒廢多年的台南海安路。

這棟老屋由杜昭賢同樣喜歡老屋的好友、科技業的董娘買下，杜昭賢首度到訪時就非常喜歡，她說：「看到光線照進來，地板好漂亮，房子和光的對話感動了我。」但已營運一間畫廊的她，不打算再擔負老屋新任務，切切提醒朋友得慎選房客；之前，這裡曾當過證券公司、旅行社、家飾店，形式相當多元。而當聽到有人想租這棟老屋去當茶樓的訊息後，杜昭賢當晚即夢見自己在這裡走來走去，翌日醒了打電話告訴朋友：「交給我吧！」一直掛念著的心緒終於篤定，杜昭賢相信，老房子會選擇自己的主人。

B.B.ART原本是美利堅華洋百貨，三樓外觀最高處還可見到一個「美」字。

整修規劃

結構務必交給專業，美感留給自己創造

非建築科系出身的杜昭賢，對於老屋的整修親力親為，她很清楚自己想要什麼樣的空間及功能，因此不委託設計師主導。排水、防火、白蟻都是整修使用最重要的基礎工程，她認為不能輕忽，「老房子一定要找結構技師先評估，特別有開放的公共空間，得先做結構安全評估和強化，電線舊了，改走外露方式，日後好維護；二樓設鋼構補強支撐力。」安全一定要委託專業，質感和美感則自己來，這是杜昭賢的一貫理念。

為了解決屋頂漏水，但不因陋就簡覆蓋鐵皮了事，她堅持著外界看不到的細節，「師傅先把瓦片拿下來，加蓋磚防水，之後再把瓦片放回去」，B.B.ART隱藏著杜昭賢和師傅的費心工法。而為讓中庭天井能有自然天光、感受風雨陰晴，捨棄了讓空間變大的加蓋採光罩，更得接受非密閉空間、夏日室內空調不冷的可能，且更需考量設置良好的排水系統，「要有捨才有得」，杜昭賢說老屋使用者得清楚拿捏需要與現實間的取捨。

杜昭賢也不怕麻煩的自己找了修過老房子的工班，較能理解她想要的感覺。一樓原本有點剝落的牆，她想讓磚頭色澤露出卻要求不能上漆，工班嘗試用水和萬能膠混合，讓磚不會掉屑亦顯現紋理；二樓窗戶平台其中一段壞了，她不全部拆掉換新，而是盡量用修補方式來處理；窗戶原本被上過厚厚油漆，杜昭賢堅持磨掉，油漆工覺得麻煩，試圖說服以油漆上色就好，但她還是不同意，費工磨掉後所呈現歷經時光的原木之美，讓許多到訪者驚嘆；一樓原本有著極美的磨石子樓梯，早年被塗上厚厚油漆，她也特別要求師傅去除，保留磨石子原貌。就算採用「減法」的作法很耗時，她也堅持再堅持，整修工程前後花九個月才完成。

盡量保留現況，展現手感溫度

「我覺得以前的人蓋房子很有機，會以生活和需求為考量。」長年與老房子互動的杜昭賢深覺這一點非常有趣，也因此她找出前人的生活痕跡、和歷史對話，放進現在的空間裡。想要裝滿過往痕跡，也想充滿自己的想法，這是杜昭賢打造B.B.ART的初衷。曾有位知名建築師到此參訪，給了「空間非常有手感」的評語，貼切的道出杜昭賢的改造想法。她說：「地板上有裂縫，無須裝潢弄成一樣的色彩，不同痕跡其實是用時間、歷史換來的紀錄，花錢也做不到，保留天然紋理，多像趙無極的山水畫在地板上。」想在二樓做個吧檯，關於水槽管線、流理台等專業規劃交給行家畫出草圖後，後續就

一樓樓梯磨掉油漆之後，重現磨石子之美。

結構是老房子再利用最重要的部分，二樓請技師重新規劃鋼構補強支撐力。

讓員工用馬口鐵和釘子，親自動手完成；三樓牆面也未曾多加修整，保留原本的質感反而讓展出的藝術家大為讚賞。

做為藝廊使用，還得考慮貨車進出卸貨，畢竟不少當代藝術作品的規格龐大也沉重，總不能在路邊靠人工搬運，因此杜昭賢畫一張草圖跟鐵工溝通後，讓櫥窗可直接拉開，就像是拉門一樣可供貨車開入，安全結構無虞順利完成。她說老屋改造，盡量維持屋況形式，不去變動結構，選擇自己使用的空間來改造就好。

營運

空間不設限的當代藝術平台

這棟老屋多年來被廣告招牌包裹而不見建築之美，直到B.B.ART打開了原本被掩蓋的美麗，才讓人驚豔其俐落大方的建築立面，而紅門裡的當代藝術作品則為老屋帶來新意。杜昭賢說：「懂得欣賞老建築的肌理生命，讓當代藝術相互結合與對話。」很多藝術家都十分喜歡這種氛圍，B.B.ART成功的讓老屋藝廊展現獨特的風貌。經營畫廊是杜昭賢的興趣，但這是相當特殊的一門專業。位於大馬路旁的B.B.ART常有路人遲疑幾分才走入參觀，杜昭賢帶笑描述某位返鄉的台商到再發號買肉粽，看到對面大紅門引人注意而走進來，竟然就出手收藏了藝術家梁任宏的雕塑作品，藏家夫人笑說：「沒想到買個粽子竟然花了一百多萬元。」空間的開放，讓民眾放心進來，藝術家的新作也能自在呈現，不僅擴展藝術人口，還引來更多藏家。

二樓咖啡廳除了提供輕食飲料，更可來份對面老店的肉粽搭配咖啡，感受台南街坊的輕鬆，更是畫廊和傳統飲食的跨界。「當代藝術有很多可能性，空間也該彈性」，杜昭賢指出二樓隨時可因應視覺藝術、演出、座談等調整，演出者可恣意率性跳上吧檯，挑戰空間；一樓後方則可做為表演場，也能活用空間成為作品展示台，甚至劇場，不論想秀出當代或是傳統，B.B.ART就是藝術家的創作平台。

營運專業畫廊，景氣自行調度

「老房子活化最終面對的是要經營，要能

←正門為了運輸便利，特別設計可讓貨車進入的玻璃門。紅門裡的當代藝術作品為老屋帶來了新意。

←二樓窗戶呈現出歷經時光的原木之美。

←二樓咖啡區的家具，來自杜昭賢購得的台南老醫師舊家具。

夠很好的存活，這是很重要的。」杜昭賢說觀眾若只來觀賞建築，而忽略欣賞藝術品是不行的，畢竟畫廊得靠藝術品維生，也是畫廊營運最重要的項目。她說：「我從事畫廊這一行很久，知道何時是冬天、何時是夏天，會因應排解，畫廊營運是專業的，藏家也不是一般人，得靠經驗來調整，目前營運算是平順。」

人力，是營運成本最高的一部分，負責B.B.ART畫廊與餐飲服務大概有五個全職員工，此外，杜昭賢則藉由自己另外經營的畫廊和策展公司來做人力支援調度，擴大營運彈性，實習生除了到此學習，同時也可做為短暫支援、協助畫廊。

為了讓B.B.ART處處有藝術，展間藝術作品如有賣出或新品抵達，空間布置就得重新調整，時時減或加。杜昭賢希望藝術可以走出畫廊、進而走入城市改造環境，不僅是她的使命，也是藝術工作最有意義的關鍵。

文／葉益青　攝影／范文芳

B.B.ART
老屋創生帖

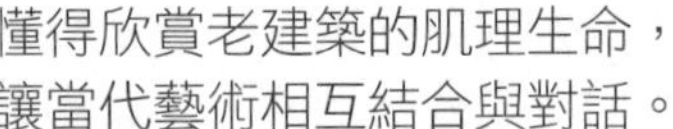
懂得欣賞老建築的肌理生命，
讓當代藝術相互結合與對話。

杜昭賢

老屋再利用建議

1. 排水、防火、白蟻都是老房子整修使用最重要的基礎工程，不能輕忽。特別有開放的公共空間，一定要找結構技師，先做好結構安全評估和強化。
2. 老屋使用者得清楚拿捏需求與現實間的取捨。
3. 盡量維持老屋屋況，不去變動結構，選擇自己使用的空間來改造就好。

老屋檔案

平面配置

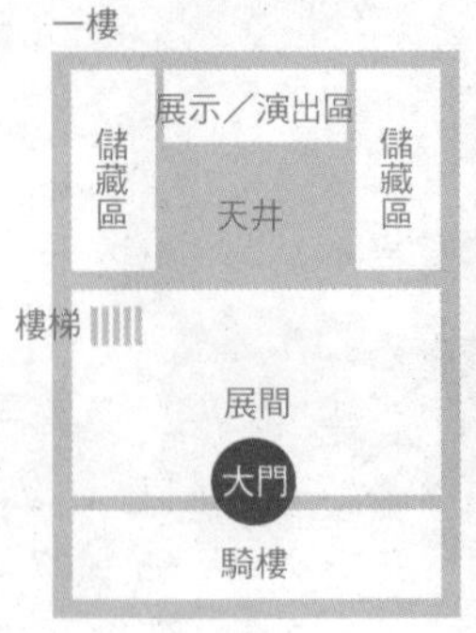

二樓
辦公室
廁所
天井
露台
咖啡廳

三樓
展覽區

地址／台南市中西區民權路二段48號
電話／06-2233538
開放時間／周二至周日11：30～19：00（周一公休）
文資身分／無
起建年分／約1930年代
原始用途／百貨商店
建物大小／三層樓建築，每層約60至70坪，扣除中庭區域，全建築近200坪
再利用營運日期／2012年6月
建物所有權／私人
取得經營模式／租賃
修繕費用／約300～400萬元
收入來源／藝術品買賣80%、餐飲及藝文活動20%

藝術品買賣 80%
餐飲及藝文活動 20%

Sabina Feroci
Ali Ginger
Sabina Feroci

起建年分 1913 起

街區振興，在大稻埕裡賣大藝

藝埕街屋群

大稻埕象徵了一九二〇年代的台灣現代精神，
可說是所有台灣人的心靈原鄉，
這正是它獨一無二與偉大的理由。

——————————**周奕成**（世代群執行長）

一九三〇年，台北大稻埕出生的畫家郭雪湖，創作出膠彩畫《南街殷賑》，呈現大稻埕全盛時期的景象：狹窄街道上人群熙來攘往，兩側仿巴洛克式的洋樓，掛著五彩繽紛的店招，有南北貨特產店、藥材店等，也有寫著英文的舶來品店，霞海城隍廟正舉辦著中元祭典，熱鬧滾滾。

如今的迪化街，南北貨、藥材店依舊在，城隍廟仍然香火鼎盛，更增添新的活力——短短不到一公里的迪化街，相隔不遠就會遇到以「小藝埕」、「民藝埕」、「眾藝埕」等命名的街屋，樓房內有如多寶格般藏著各式小店，多是年輕人創業，有的賣工藝品、糕點、茶，有的經營書店、茶館、藝廊、異國料理。過去外地人只得見識街屋一樓店鋪，如今可以穿越天井、爬上二樓、眺望對街立面，步步是老空間與新文創對話的驚喜，這樣的豐富體驗，是迪化街區新增的獨特魅力，其幕後推手，正是世代文化創業群（後簡稱世代群）執行長周奕成。

源起

從微型企業整合喚醒歷史街區

一九六七年出生的周奕成，四十歲那年跳脫政治生涯，「是自己的能力不足、努力不夠，以致投入政治改革失敗，但自認所開的處方仍是對的。」周奕成講話文質彬彬又帶著學者式的說理，對轉換人生跑道投入歷史街區發展，他說：「一開始就想好整套策略，冀望解決過去『社區總體營造』的困境。」

周奕成為迪化街區活化改造的幕後推手，至今世代群已建立八個藝埕，協助近四十家微型企業創業。

周奕成認為，以往台灣各地老街振興，普遍存在過度觀光、廉價消費、投機型消費等弊病，從南到北老街賣著一樣的東西，人們走馬看花，很難體驗街區文化內涵，因此老街再造計畫往往快速起落。「歷史街區發展，關鍵在於必須平衡文化與經濟。」他說。大約十年前，迪化街區也曾因傳統產業衰退、城市發展的重心移轉而趨於沒落，街上的便利商店並非二十四小時營業，入夜就跟著周遭傳統店鋪一起打烊。二〇一一年，周奕成以永樂市場對面的百年洋樓「屈臣氏大藥房」為基地，以「小藝埕」之名，開始籌劃聚集幾家微型企業聯合經營，此後幾乎一年一街屋，陸續長出八棟藝埕，形成充滿文青感的聚落型商場。

二〇一二年，小藝埕正式開張，命名意指「在大稻埕賣小藝」，此後陸續拓點的街屋，依據發展策略與樓房性格，皆以「藝埕」為名，再冠上不同形容詞，招募的團隊都經過篩

小藝埕以百年洋樓「屈臣氏大藥房」為基地。其特色為三層樓平梁式店屋建築，立面牆採仿巴洛克式風格。

世代群在大稻埕活化多個街屋，依據發展策略與樓房性格命名，皆有「藝埕」二字。

選，以呼應大稻埕的五大傳統產業——茶、布、農產、戲曲以及建築。

跟屋主談願景，取得信任託付家宅

至今，世代群已建立八個藝埕，協助近四十家微型企業創業，周奕成不只跟創業團隊搏感情，也跟在地屋主談願景、尋共識。他說，初期最困難是取得屋主信任把房子出租，因為大稻埕的長輩們，許多人對房子有深厚感情，並非在意租金收益多寡，而是在意承租人的品行。周奕成記得，小藝埕的屋主為八十多歲的李媽媽，初始遲遲不答應，卻三不五時來辦公室看看他，「老人家就是想確認你是怎樣的人，等到對你有信任，才願意把祖傳起家的老宅交給你。」

商業上的務實誠信，則是永續經營的前提。周奕成與屋主一旦簽下租賃契約，一次給足一年份的十二張支票，他說：「目前街區公司共有十五、六張租賃合約，每年就有一百八十到一百九十幾張支票，每張都要按時兌現，壓力很大。」街區公司一手攬起空間營運，尋找適合團隊進駐，同時也負擔起風險。

周奕成說，他很感謝幾棟藝埕的屋主有共識，願意漸進調價

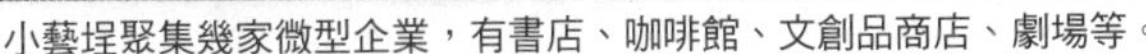
小藝埕聚集幾家微型企業，有書店、咖啡館、文創品商店、劇場等。 世代群的文創街屋，皆淨空騎樓。

而非急速上漲租金，相較其他承租單位，世代群取得的租金確實較低。他也理解有些地主傾向趁勢抬高租金，在尋找街屋的歷程裡，倘若評估覺得超過負擔能力，再喜歡也不會硬租下。

向傳統產業學習生意鋩角

最初選擇迪化街區做為實踐基地，周奕成懷抱鏗鏘論述：「大稻埕象徵了一九二〇年代的台灣現代精神，可說是所有台灣人的心靈原鄉，這正是它獨一無二與偉大的理由。」

周奕成認為，發掘大稻埕蘊藏豐富的一九二〇年代文化遺產，可以為在地經濟的創業與創新找到更多動力。迪化街區的老街屋幾乎都建於一九〇〇至一九二〇年代，見證大稻埕的擴張興盛期；而這裡從百年前就孕育了無數企業生根茁壯，今日的新創企業，仍可向傳統產業學習生意鋩角，正是一處「世代創業寶地」。

迪化街能保留老街區風貌，得歸功於一九八〇年代末學者專家反對政府開闢二十公尺都市計畫道路，發起迪化街保存運動，促成市府研擬「大稻埕歷史風貌特定專用區」；自一九九五年起，私人地主得申請補助進行歷史建築的維護整修，街區上已有民藝埕以民藝精神為主題，引入陶瓷藝品店，不只營造空間美感，也偶爾舉辦講座介紹工藝文化。

七十幾棟歷史建築獲得修繕維護。

因為上階段的街區保存，世代群才有機會介入從事街區經濟文化振興。周奕成強調，自己的團隊並非在從事「街區保存」，藝埕介入經營的街屋，都是屋主已經完成修繕或正在修繕中的，例如小藝埕的前身「屈臣氏大藥房」，一九九六年遭祝融焚毀，僅剩石材打造的立面外牆，經過屋主與市政府協商，二〇〇五年才透過政府補助予以復舊重建。

周奕成說：「歷史街區的保存與修繕，權責在公部門。我們實際上也沒有那麼多錢來修繕老屋，而是進行空間規劃與軟體建構。」

營運

創造平台，扶持微型創業

世代群包含了四個事業體——世代文化創業公司（創業育成及管理）、世代街區公司（大稻埕街區空間之營造及管理）、世代陶瓷公司（陶藝設計製造）及世代戲台公司（結合表演藝術的餐飲及商品服務）；其中「創業育成」是為核心，不只篩選團隊、陪伴創業、創造交流平台，還有專業的財務與法務人才可供

民藝埕二樓的茶坊，在布置上模擬老屋原本空間使用格局，擺設簡單、質樸。

諮詢，並提供雲端進銷存管理系統、行動支付等工具，讓進駐小店健全財務管理，也能協助申請青創貸款。

同時，街區公司做為整合者與管理者，在開放進駐前，會重新規劃長條形街屋的出入口與立體空間的動線設計，以讓各個進駐團隊都適得其所；經營管理上，對進駐團隊除了收取低於市場行情租金，另收取「營業提成」，即從各進駐團隊的每月營收提取百分之五費用，但也會考量到部分微型企業剛起步、毛利低，創新能量卻很高，特別提供「優惠期」，即不收取營業提成。

世代群轄下已有「小藝埕」、「民藝埕」、「眾藝埕」、「青藝埕」、「學藝埕」、「聯藝埕」、「合藝埕」、「同藝埕」八個藝埕，總體員工人數約兩百多人，對這樣的蓬勃成長，周奕成卻稱「還未達標，有待努力」，目標希望到二〇二〇年為止，以十年時間，達到「十年百業，千家萬朋」，也就是十年創造出一百家小型企業，平均每家企業有十名員工，則能養活一千個家庭，服務超過萬名顧客。

期待未來以合股模式，共生共好

在世代群經營下，大稻埕街區重新活絡，吸引更多國內外觀光客，也令這裡租金行情持續上漲。有人擔憂，會否隨著租金門檻提高，反而壓縮了特色產業、微型企業的生存空間？

面對大稻埕日益高漲的地租，周奕成思考長遠解方，他的理想是：由街區公司邀主要利害相關者投資入股，包括入駐的新創事業、屋主、在地企業家以及世代群本身，將街區公司變成街區合作企業，共同享有低風險、低利潤的回報，也創造共好。

聯藝埕為仿古新建，整併了三排、三進的街屋，形成九宮格般的立體空間，饒富趣味。

聯藝埕內有咖啡館、餐廳、公平貿易店，二樓為接待國際旅人的會館。

↑↓合藝埕街屋曾做為台灣紡織業的起家厝，如今一樓販售布品及糕餅，二樓為茶坊。

二〇一五年，周奕成與一群志同道合者發起「大稻埕國際藝術節」，將一九二〇年的元素轉化為歡快的慶典，用多樣的藝文展演，走進街頭巷尾與市井百姓互動，加上近年不少電影以大稻埕歷史為主題，凡此種種都讓原本只是理念的「一九二〇年代的台灣精神」，漸漸走入日常風景，還成為文化研究的新顯學。

「大稻埕未來仍會不斷改變，只要整合者訂出好的經營方針，屬於大稻埕的風格與精神仍會延續。我自己有一天也將離開，到時候，希望街區公司是由在地人才與資金永續經營！」周奕成說。

文／陳歆怡　攝影／范文芳

藝埕街屋群

老屋創生帖

發掘大稻埕豐富的一九二〇年代文化遺產，
為在地經濟的創業與創新找到更多動力。

周奕成

歷史街區振興建議

1. 歷史街區必須尋找獨一無二的文化內涵與定位。例如世代群在大稻埕街區就致力挖掘1920年代的台灣現代精神與文化遺產。
2. 歷史街區發展需要「整合者」，發揮想像力與執行力，整體規劃空間的合理運用，也協助創業育成。
3. 如要永續經營，可思考邀請街區利害相關者投資入股，讓街區公司轉化成街區合作企業。

藝埕街屋群檔案

經營者／世代文化創業群
文資身分／小藝埕仿巴洛克立面牆列為市定古蹟；民藝埕為歷史建築；合藝埕、青藝埕為歷史性建築
起建年分／1913年起
原始用途／店鋪、住宅
再利用營運日期／2010年起
建物所有權／私人
取得經營模式／租賃
再利用後用途／書店、咖啡館、茶館、酒吧、餐廳、文創品商店、物產店、服飾店、劇場、辦公室等

枝仔冰城
民藝埕
芋頭聖代

小藝埕

藝埕街屋群位置圖

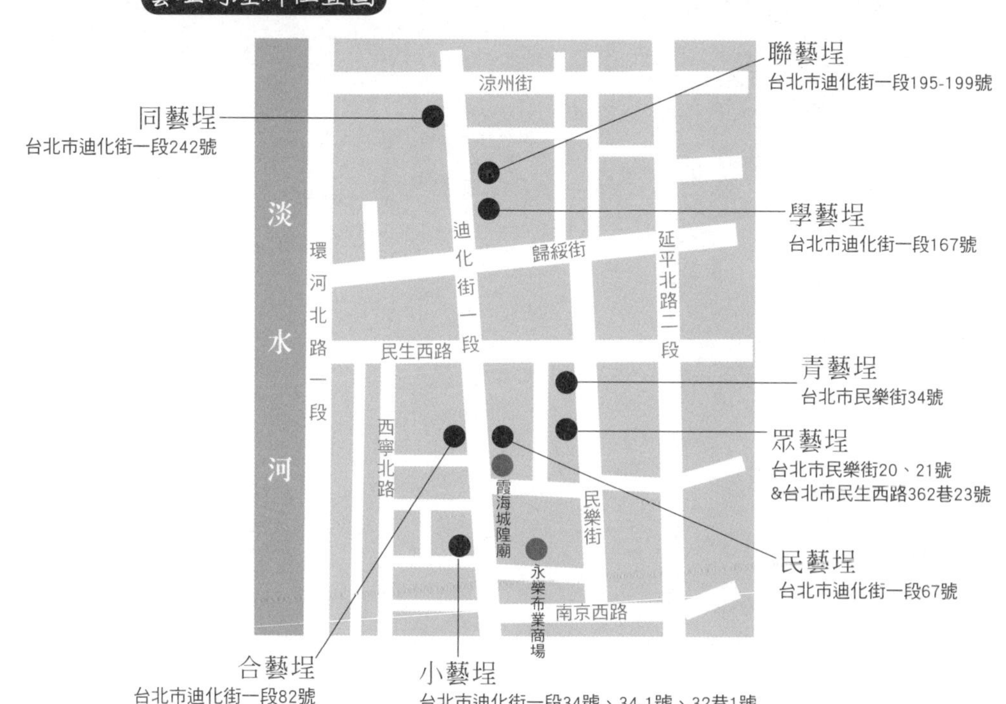

聯藝埕
台北市迪化街一段195-199號
同藝埕
台北市迪化街一段242號
學藝埕
台北市迪化街一段167號
青藝埕
台北市民樂街34號
眾藝埕
台北市民樂街20、21號
&台北市民生西路362巷23號
民藝埕
台北市迪化街一段67號
合藝埕
台北市迪化街一段82號
小藝埕
台北市迪化街一段34號、34-1號、32巷1號
涼州街
淡水河
環河北路一段
迪化街一段
歸綏街
延平北路二段
民生西路
西寧北路
霞海城隍廟
民樂街
永樂布業商場
南京西路

起建年分
1935

複合型創意基地
與萬華歷史相遇

新富町文化市場

台 北 市 萬 華 區 三 水 街 7 0 號

空間不同，作法也會不同；
只要能理解空間，
就會有創意的作法出現。
——————————李彥良（忠泰基金會執行長）

↓從空中鳥瞰新富町文化市場，可見其馬蹄形的建築外觀與被房舍包圍的所在環境。（圖片提供／忠泰基金會）

「新富町文化市場」整體建築風格簡潔，外牆以洗石子做出水平飾線。

新富町為台灣日治時期台北市行政區之一，約位於龍山寺東方，包含今萬華區的廣州街、康定路、和平西路等一帶。「新富町文化市場」隱身在東三水街傳統市場旁，是一棟有八十多年歷史的馬蹄形建築，其前身為起建於一九三五年的「新富町食料品小賣市場」（後簡稱新富市場），約有三十多個攤商在此販賣著台日交融的商品。然而隨著城市發展，市場周遭逐漸被攤商包圍、房舍寄生，最後被人們遺忘在都市的角落裡；直到二〇〇六年被指定為市定古蹟，才又重現因長期發展停頓所保留下來的日治建築原貌。

為讓舊市場建築能重新活化再利用，二〇一四年台北市市場處公開招標，由忠泰建設取得九年營運權，後交由忠泰建築文化藝術基金會（後簡稱忠泰基金會）經營，納為旗下「都市果核計畫」之一，期許轉型成一處複合型創意基地，讓原買賣、社交的生活空間變成新市場文化場所。

源起

角色蛻變，庶民生活的研究基地

忠泰基金會所推動的「都市果核計畫」，是希望整合城市

忠泰基金會執行長李彥良（左）與主任洪宜玲（右）。

閒置的舊有空間，成為藝文創意領域者的培養皿，繼二〇一〇年「城中藝術街區」、二〇一一年「中山創意基地URS21」之後，二〇一七年正式營運的「新富町文化市場」成為計畫的第三個據點。然而老屋活化再利用的案例眾多，何以忠泰基金會選擇沒落老城中的新富市場？

忠泰基金會李彥良執行長說明當初參與標案的緣起：「論空間，新富市場比之前案例小很多，但吸引我們的有三點：一是建物具有古蹟身分，之前的老舊街屋或菸酒公賣局廢棄的配銷處，都非古蹟，因此我們希望能創造出一種新的典範；二經營期長達九年，讓我們有足夠時間來完成營運計畫；三所在地雖是個沒落的老城區，但卻擁有台北建城以來的文化底蘊，且與傳統市場僅一步之遙，與周遭住戶、鄰里生活緊密相連，這些都是以前沒有接觸過的，對我們後續發展都市果核計畫的多樣性有很大幫助，因此得知此標案後，便大膽來嘗試。」

整修規劃

尊重古蹟主體，空間改造考慮可回復性

「新富町文化市場」可說是日治時期公設市場中表現新式

衛生標準與建築式樣的珍貴案例，整體建物風格簡潔，尤其是特殊的馬蹄造型，更為全台罕見，中央設置一天井，乃是為了滿足市場內部通風與採光的需求。因此在空間改造上，忠泰基金會希望能尊重古蹟本體，挑戰不破壞建物的前提下，讓老建物再創新活力。

然而好事多磨，整個增建工程花了一年半的時間，共歷經了兩個階段。

第一個方案委由日本年輕建築師長谷川豪所設計。他利用建物原有九個圓形的通風口，以八到十公尺長的木柱高高低低由洞口往上撐起，為不傷害地坪，地上鋪著紮實的橡膠軟墊保護；其上再加橫向鋼梁與九根木柱結合，等於在屋頂上搭一個大桌面，當成二樓平台，最後木柱上再以半透光的薄膜遮蓋，猶如撐起一把大雨傘；白天陽光可溫柔照進，夜間室內燈光點亮又像個大燈籠。

「非常有創意，讓人耳目一新。」李彥

馬蹄形建築內的中央天井，滿足市場內部通風與採光的需求。

良說可惜這個規劃卻因二〇一五年蘇迪勒颱風來攪局而全盤推翻。當時台北路樹被颱風吹得東倒西歪，基地現場滿是周邊違建被吹起的物件，忠泰基金會考量薄膜有被劃破穿刺的疑慮，或可能被強風連柱拔起傷到古蹟本身，即使施工已展開，也不得不放棄。「我們給予自己的挑戰是：九年後建築物完全歸回，所以基於安全考量，只好更換成第二方案。」李彥良無奈的表示。

有別於第一方案是在舊建物上方加蓋展演空間；第二方案則由旅德建築師林友寒設計，其概念是在建物裡規劃夾層與空地外增建半月形建築。

建築師利用質輕的花旗松木夾板與PC中空板在室內兩側搭建出半透明的牆體，厚度達一點二公尺，與原有市場攤台深度相當，不僅再現市場空間的原型，同時也具有收納、動線、照明及展示的功能；更棒的是，還藉此延伸出

以輕透的PC中空板為隔間，讓空間不會有壓迫感。

配合市場建築外觀另外增建的半月形清水混凝土建築，一樓當作公廁、二樓規劃為辦公室。

兩個夾層空間，擴增了樓板面積，使原有的空間結構產生了新的使用對話，創造出更多展覽、活動、辦公與參觀的空間。

李彥良進一步解釋，另一方面實在也因第一方案折騰，占用九年營運期不少時間與經費，因此得找出可快速完工的權宜方法。「利用輕木構搭建的牆體，因結構完整且重量極輕，完全不需碰觸到原有古蹟的結構體即可成立；加之PC中空板具有輕、透的特性，讓人進到空間來不會有壓迫感，也證明不須用昂貴的材料也能做出好設計。」

至於位於南側的空地，則以清水混凝土增建半月形建築，以與馬蹄形主建物相互呼應。一樓設置無障礙廁所、哺乳室；二樓規劃為辦公室。整體建造包含家具採購等費用逼近五千萬元，其中清水模半月形建築造價就高達九百萬元，投入重金打造，就是希望新落成的清水模建築未來能與古蹟共存，讓這裡成為台北西區的新文化據點。

營運

營運大智庫，從傳統市場取材

二〇一七年三月新富町文化市場全新開放，但其實早在二

位於基地一角的製冰室仍在進行傳統製冰工作，可見當年新富市場的生活縮影。

〇一五年五月忠泰基金會就迫不及待先幫市場慶祝八十歲生日，李彥良笑說：「那是因為我們的營運期到二〇二四年，九十歲生日慶祝不到啊！」透過「新富八十好歲食——老市場的記憶與新生」系列展演活動，一方面吸引民眾走進古蹟、認識這個歷史場域，另一方面則藉此回顧市場歷史，更重要的是可以讓民眾明白未來藍圖的使用規劃。

為把握有限的營運期，展覽結束後忠泰基金會隨即展開一年半的增建工程，整修期間團隊也同步進駐基地，與相鄰的東三水街市場自治會意見交流，進行老攤商口述歷史訪談，一步步與地方取得良好互動、獲得攤商信任，而這些前期的作業，點點滴滴皆成為未來營運上的絕佳養分。「我們期許新富町文化市場從原本買賣空間轉換為飲食教育場域；場館成為聯結在地與外部社群的溝通平台。」李彥良說。

因此在這個空間裡，規劃有餐桌學堂、新富半樓仔、巷仔內教室、市場史脈絡常設展、複合式餐飲空間、辦公室等；其中「餐桌學堂」及「巷仔內教室」兩個學習空間，是以鄰近的東三水街及新富市場為大智庫量身設計的，希望透過主題式、系列性的課程編排，讓市場攤商現身說法，例如菜攤節氣食材的挑選、

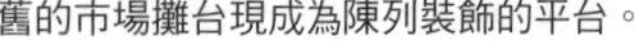

舊的市場攤台現成為陳列裝飾的平台。

半樓仔夾層空間可做多功能活動運用。

肉販們的禽肉解剖術，做為共享知識的平台；這裡也是居民交誼的社區廚房，一起分享生活的經驗，讓傳統市場的日常可以在此延續。

除此也引進都市、建築、藝術、設計、文化等多元能量，不定期舉辦「手路學」、「良食學」、「風土學」、「城市學」，並與舞蹈、劇場跨界合作，另設置五間「小間工作室」，以每年一期提供個人或團隊承租進駐，讓空間利用充滿無限可能。負責營運的洪宜玲主任強調：「老市場裡的新空間，是一扇門，我們歡迎對傳統市場、老城艋舺有研究興趣、甚至有在地耕耘熱情的個人或團體加入，能夠共同學習生活、交換知識，然後找到對都市再生的感動與啟示。」

附帶一提的是，「新富町文化市場」共規劃有二處餐飲區，緊鄰著通往東三水街市場出口的是明日咖啡（新富店），一道火燒痕跡的大木門、搭配復古蒸籠吊燈，成為新舊空間交流的場所，洪宜玲說：「許多早上來傳統市場買菜的婆婆媽媽，會提著菜籃進來逛一圈，然後坐下來吃個早餐，成為一景。」位於基地東北角的獨棟木造日式建築，早期是做為市場管理員的辦公及宿舍空間，現承租給合興與八十八亭。忠泰基金會因肯定合興與第三代

舊的市場管理員宿舍現承租給合興八十八亭經營。

創新的經營理念、提升傳統飲食文化的精神，而邀其一起進駐。

營運老屋，請先盤點手上資源

對忠泰基金會來說，以老屋做為營運空間固然有其歷史價值，最重要的是呈現的核心內容。李彥良語重心長地提醒每個人、每個團隊，要能盤點自己手上的資源，才能判斷眼前的空間是否合乎需求，千萬不要因為空間漂亮就冒然拿下，「空間不同，作法也會不同；只要能理解空間，就會有創意的作法出現。」談到二〇一四年的競標，有的團隊想做旗艦式咖啡廳，有的要做青年旅舍，有的想開文創藝品店，但評審委員們認為新富市場建物具有文資身分，不單只是活化，也要能充分利用空間，達到磁吸與外溢的雙重效果，對萬華帶來改變；忠泰基金會提出的規劃，因讓委員信任其能力，才順利取得營運經營權。

忠泰基金會屬非營利組織，新富町文化市場目前共有七位專職人員，李彥良說最終目標希望能朝社會企業目標前進，達到損益平衡，但也不想給同仁太大的壓力。倘若獲利，表示營運方式成功；若虧損，則經營模式不易再複製使用，以此自我檢視，讓未來「都市果核計畫」的推展可以更為成熟、做得更好。

文／張尊禎　攝影／吳欣穎

新富町文化市場

老屋創生帖

從原本市場買賣空間轉換為飲食教育場域，為聯結在地與外部社群的溝通平台

李彥良

老屋再利用建議

1. 以老屋做為營運空間固然有其歷史價值，但最重要的是所呈現的內容。
2. 每個人、每個團隊，要能盤點自己的資源，才能判斷眼前的空間是否合乎需求。
3. 建物若具有文資身分，空間改造時須注意尊重古蹟本體。

老屋檔案

平面配置

地址／台北市萬華區三水街70號
電話／02-23081092
開放時間／周二至周日10：00～18：00（周一公休）
文資身分／市定古蹟
起建年分／1935年
原始用途／市場
建物大小／基地約506坪、建物約199坪
再利用營運日期／2017年3月
建物所有權／台北市市場處
取得經營模式／經公開招標程序，取得租賃資格
修繕費用／整修費用約4,500～5,000萬元；每年修繕、保全、清潔費用約400～500萬元
收入來源／餐飲空間租金61%、工作室租金21%、展覽活動場租10%、課程活動及商品販售8%

起建年分
1947

來老屋共學，串聯三峽在地資源
合習聚落

新北市三峽區中山路13巷9號

老屋代表了台灣某種年代、
一段過去重要的社會發展歷程，
這是不能憑空創造出來的。

——**林峻丞**（現任經營者）

百年清水祖師爺廟、紅磚拱廊有著仿巴洛克式立面牌樓建築的三峽老街，是大家最熟悉深刻的「三峽印象」，然而在老街旁卻有一棟風格截然不同的老屋新生建築，那是不少三峽當地人都知道的「愛鄰醫院」，二〇一八年二月由三峽子弟、甘樂文創創辦人林峻丞重新改造，成為工藝與良食實踐的基地「合習聚落」，為他繼修復百年老厝做為返鄉創業基地後，再次改造老屋的新嘗試。

「合習聚落」借音「學習」台語發音而命名，在占地兩百坪、前後兩棟的空間裡，既有甘樂文創自有豆製品牌「禾乃川」，也有結合弱勢教育關懷、傳承在地工藝雙重理念的職人工作室和實習旅社，希望能建構一個社區支持系統，發展社區產業和培育青少年獨特職能。

源起

改造老屋，凝縮台灣歷史人文

再次改造老屋，是因為林峻丞特別鍾愛老屋獨有的歷史痕跡和故事。「老屋代表了台灣某種年代、一段過去重要的社會發展歷程，這是不能憑空創造出來的。」林峻丞說。

合習聚落前身為「愛鄰醫院」，是由曾赴日留學、北京習醫，而後任職台大醫院的外科醫師陳重明，於一九四七年返鄉所籌設的。當年，三峽、鶯歌是採煤重鎮，許多因災受傷的採礦工人常死於就醫途中，直到愛鄰醫院的創辦，無數因礦災受傷的工人，才獲得診治；更因擁有最新醫療設備技術為日籍將軍湯恩博動手術，而聲名大噪。

因此說起「愛鄰醫院」，長一輩的三峽人都知道。返鄉多年的林峻丞，透過友人牽線，與這棟老屋結緣。當時，承租愛鄰醫院的「愛養安養中心」準備遷往鶯歌，屋主有意找尋新租客，林峻丞好奇地前來一探究竟，不料屋主開出的月租金，再加上營運成本，金額高達十七萬元，林峻丞根本負荷不了，只好打消承租的念頭。直到半年後，他再想起這棟老屋，特地騎著摩托車前來一探究竟。車才停好，就巧遇屋主，而這回雙方對租金有了共識，最後林峻丞以每月六萬五千元，簽訂十年期租約，開始另一次的老屋改造。

甘樂文創及合習聚落的創辦人林峻丞。

甘樂文創合習聚落的建築外觀，前身為愛鄰醫院。

整修規劃

七十年老屋，邊修邊找問題

合習聚落正式開張後，洗石子工法牆面、寬敞明亮空間，成為遊客到訪三峽最愛拍照的熱門打卡地點；若不特別說，誰也猜不出這兒的前身曾是安養中心。

全新的呈現，是林峻丞耗費一年多時間的成果。接手這棟歷史已有七十多年的建築，首要得面對老屋共同的問題：漏水、壁癌，而經過歷代房客的使用，更多出了許多原有之外的增建。因此改造的第一步，就是拆掉上任承租房客「愛鄰安養中心」為了照護用途所增加的設施。此外，老屋原有的管線已不敷使用，光是管線配置、衛廁裝修都得重新裝設。初整建時，林峻丞為了精準對症下藥，時常得在不同時段來到屋子，感受日照、氣候等細節。

不比新屋興建，一切都能事前規劃，修復

聚落內的禾乃川國產豆製所，仍保留昔日醫院為了掛上布簾區隔病床所設計的白色鐵桿柱。

老屋的問題總是突如其來。例如，有回颱風侵襲，大雨滂沱，積水一下淹進了後方剛裝修好的房間。這時林峻丞才發現，屋子地勢較低，雨勢稍大水流就會灌入屋內。眼見新鋪設的木棧地板漂在水中，林峻丞只好忍痛打掉，重新灌漿鋪設地面。

除了老屋整修的複雜度，林峻丞還得面臨產權問題。他解釋，合習聚落所在位置，前方是三峽區公所，一旁是派出所，根據地政規劃為機關用地，整建裝修都有特別規定；此外，屋子在政府尚未公布建築相關法規時即已存在，也使得建築執照出現問題。種種問題，有的耗費林峻丞好一番功夫才解決，無法解決的難題也只好暫時擱置。層出不窮的狀況，也使得預算從原本的七百多萬，飆升到一千多萬。最後，林峻丞透過群眾募資平台募得二百多萬，還有部分金額是透過向企業募款而來。

整修過程錯綜複雜，但對老屋未來的風格倒是馬上清楚浮現在林峻丞腦中。他說：「屋子本身就有很多的故事，不需要過多繁複的裝潢，遮蓋了原本的歷史痕跡。」因此，和設計師討論時，林峻丞唯一提出的原則便是：「以簡約風格，呈現老屋原樣。」

近兩百坪的空間處處可見過去七十多年的歷史痕跡。例如，位在前棟屋子豎起的白色鐵桿，昔日是愛鄰醫院為了掛上布簾區隔病床的設計；又如屋子上方的屋梁，是早年醫院興建時就有的，當年懸掛匾額的「托匾文獅」，至今也還留在通往中庭花園的門簷上方；標誌病房的鐵製門牌和走廊上的吊燈，經過簡單整理後，也都全數保留。

位於主棟後方的空間則未假手他人，全由林峻丞自行構思改造。有別於前棟風格，舊時本是紅磚屋的屋舍，運用大量木構呈

舊醫院走道空間上的吊燈及病房的鐵製門牌，經過簡單整理後也都全數保留。

後棟紅磚建築利用開闢天窗，將光線引入。

現出溫暖的質地；昔日做為病房的空間，特地將屋頂略略架高，或是利用開闢天窗，將光線引入，營造成溫暖小巧的空間。不過林峻丞說，現有的屋舍，僅是當年愛鄰醫院的一部分。舊醫院最特別的建築結構，在於第一進到第二進之間的噴水池，後來屋主分家，現在已由三峽老街的慈惠宮所擁有。

即使少了舊醫院部分屋宅，利用後棟改造的合習聚落也不遜色。路過這棟洗石子建築，不少人或許僅以為只有這棟屋宅，走入屋內，才發現別有洞天。

通過做為禾乃川店鋪的主棟，走向後方，出現的是一處僻靜的中庭花園，加上結合在地工藝師、協助弱勢學生職能探索所設置的紅磚教室，彷若來到世外桃源。

營運

不只是老屋，串聯在地打造共學聚落

儘管過程繁瑣，林峻丞已非老屋改造的生手，最困難的是替老屋找出最適合的營運主力商品。

二〇一〇年，林峻丞返鄉創辦甘樂文創，多年來投入在地文化、社區營造、創新設計，也曾與在地職人合作推出各式文創

前後棟之間的中庭，給人世外桃源般的祕境感受。

設計商品，例如爆平安炮紙紅包袋、萬發打鐵刀具。但林峻丞坦言，光靠這些依然不足以成為穩定的營收來源。直到二〇一五年，推出自有品牌「禾乃川」，才找到營運的利基。

主打「國產豆製品」的禾乃川，是甘樂文創將長期弱勢教育關懷、關注在地產業的一次集結。林峻丞說，品牌的問世，起因於甘樂文創旗下刊物《甘樂誌》採訪時，接觸到台南、嘉義一帶種植本土黃豆的地方小農，聽聞農作無路可銷的問題；另一方面，由於甘樂文創長期關懷三峽弱勢少年，輔導時發現許多問題的根源在於家庭失能，有的是因為隔代教養、有的是因父母失業所致。因而動念創辦豆製品牌禾乃川，一方面協助小農產銷問題，也為三峽在地提供工作機會。

有別於之前改造的經驗，合習聚落讓甘樂文創有機會呈現這幾年來所做的努力，「決定進駐愛鄰醫院前，就希望『合習聚落』發揮整合的作用，空間聚落的概念很早就成形了。」林峻丞說。因此，販售豆漿、飲品等輕飲食的禾乃川國產豆製所成了前棟的進駐店鋪。一走進，率先就可以看到透明化的生產基地，猶如小型觀光工廠。旁邊的用餐區，就販售禾乃川製作的豆漿、豆花等各式產品。在決定以自家品牌進駐前，林峻丞曾一度考慮設置烘焙坊，但衡量烘焙業自己並不熟悉，加上設備投資又是另筆大額開銷，最終還是選擇自有品牌「禾乃川」做為營運主力。

前方主打餐飲服務，後方幾間空間則做為禾乃川釀酵坊、木雕與皮革工作室等用途。林峻丞說明，結合地方工藝與青少年職能培育的實驗空間，一方面找來工藝師延續逐漸凋零的工藝產業，一方面也希望協助孩子提前職能探索，透過工藝學習建立自信心，而在職能教室中，工藝師傅與學生共同製作的產品，也能對外販售。

只是二〇一八年初上路至今，合習聚落每月既有開銷加上甘樂文創其餘事業與人事營運費用將近四十萬元，損益尚無法打平。因此，除了三峽兩處老屋改造基地，林峻丞也積極拓展通路，例如禾乃川走出三峽進駐百貨公司設點；而網路商城的成立，也是近期的新嘗試。

以老屋為基地，為老屋賦予新生命，對林峻丞而言，不只是開設民宿、餐廳、文創店家，要能聯結地方、和產業相互串聯，才能為空間挖掘更多故事。只是，老屋修復終究不光是美好的夢想，有意進駐的人必須務實思考種種面向，林峻丞提醒，例如產權、投資資金、約期長短都必須考慮，最重要的是新空間的營運主題。「老屋雖美，現實面也要思考清楚。」林峻丞不忘再三叮嚀。

文／劉嫈楓　攝影／吳欣穎

禾乃川豆類產品100%採用台灣本土豆類製作。

禾乃川生產的豆漿商品。

職能教室——玩皮小孩皮革工作坊。

販售豆漿、飲品等輕飲食的禾乃川國產豆製所，透明化的生產基地猶如小型觀光工廠。

合習聚落

老屋創生帖

串連工藝文化、良食商店和職能學苑，
讓旅人和孩子一起來「合習（學習）」，
發現獨特的生命價值。

林峻丞

老屋再利用建議

1. 以老屋為基地，不應只是開設民宿、餐廳、文創商店，聯結地方和產業串聯，才能為空間挖掘更多故事。
2. 有意進駐老屋的人必須務實思考如產權、投資資金、約期長短等面向，最重要的是新空間的營運主題。
3. 如是日治時期的房子或是劃為機關用地的老屋，整建裝修上都有特別規定，要特別注意。

老屋檔案

平面配置

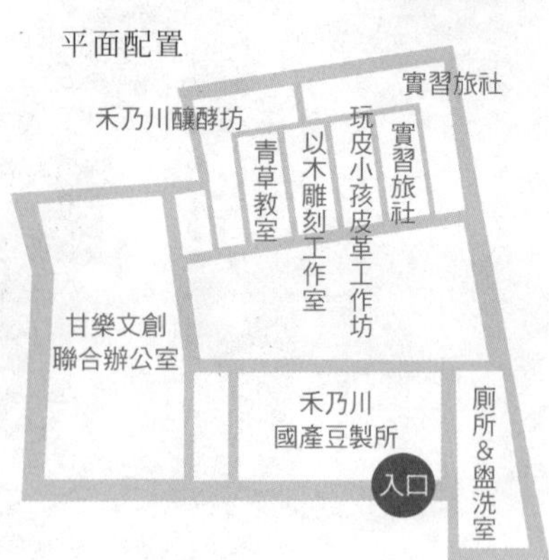

地址／新北市三峽區中山路13巷9號
電話／02- 26717090
開放時間／周一至周日09：00～18：00
文資身分／無
起建年分／1947年
原始用途／醫院
建物大小／200坪
再利用營運日期／2018年2月
建物所有權／私人
取得經營模式／租賃
修繕費用／1,000多萬元
收入來源／餐飲100%

餐飲 100%

愛隣醫院
滅火器
3
A06
A13
A07
A24
A14
A12
A23
A25

起建年分
清末時期

一起團購了大溪秀才的家

蘭室

桃園縣大溪區
中山路13號

期待蘭室發揮聚眾的功能，
以活力十足的平台為目標，
持續傳承大溪人文薈萃的精神與風潮。

————————————— **鍾永男**（現任主人之一）

有著百年歷史的桃園大溪「蘭室」，為三開間二進的老街屋，二〇一五年由八位維護古蹟理念志同道合的好友：林昕、鍾永男、林志成、黃任維、黃士娟、宋文嶽、張瓊文、陳志豪，一起出資買下，再以公司形式登記成立「蘭室文創股份公司」，是台灣少見合資團購老房子以公司營運之案例，成為一處嘗試古蹟保存活化與建築修復新模式的專業場域。

「原本只是幾個喜歡老房子，且工作上和大溪木藝生態博物館有些關係的人常聚在一起，沒想到這群人後來竟然共同成為一棟大溪老房子的主人。」古蹟研究學者黃士娟笑說故事源起。

蘭室為三開間二進的建築物，上方老鷹雕塑象徵主人之名「鷹揚」。

源起

想為大溪留下一間有歷史的房子

「老房子會自己找主人」，不少參與老房子再利用的人都這樣說。

「蘭室」最早的主人是清末秀才、曾任大溪街長的呂鷹揚，其立面牌樓為日治時期一九一八年大溪進行「市區改正」計畫時所整建，乃洗石子花飾清水磚，中間有象徵屋主的老鷹雕塑一座，左右開間牌樓各有一「呂字」，巧妙嵌進了主人姓名。呂鷹揚曾經成立「桃崁輕便鐵道會社」，諸多大溪道路起自其手，為大溪現代化的關鍵人物之一；其子呂鐵州則是日治時期知名膠彩畫家，這棟老屋可說是見證大溪發展的重要建築。然而呂鐵州英年早逝，之後房子便輾轉易主。

長期在大溪從事社區營造蹲點多年的林昕，二〇一四年六月二十四日路過這間她觀察很久卻總是門戶緊閉的老屋，終見門扉開啟，入內拜訪，喜見老屋保存完整，原遊說屋主邱家人將房子提報為文化資產，但長輩們幾經考量斟酌，反而想脫手以免造成下一代困擾，林昕和幾位朋友討論後，大家均有意願想盡力為大溪留下一棟老房子，於是決定合資買下。「賣給我們，房子不會被拆掉，以後你們隨時想回來就回來。」這訴求打動了邱家人，放心地把這棟有著家族記憶的老房子交給了這群人。成員之一的鍾永男建築師笑說他們是「八仙過溪」——八位來到大溪，包括建築師、古蹟修護師、大學教授、科技業者、業餘畫家、社區營造老師，結緣在蘭室，一起成為老屋新主人。

合夥登記，以公司形式營運

這棟老屋為何決定以公司名義登記？而非以常見非營利的基金會或協會方式處理？

為了營運法定身分，八人也討論過公司、協會及基金會諸方案，但人數太少不到協會基本人數且結構過於鬆散；基金會則是限制太

一群喜歡老房子的好友，共同成為蘭室的新主人。（左起為宋文嶽、黃任維、張瓊文、鍾永男、黃士娟、林昕）

多，得年年提計畫送核備，程序繁複，也不適合；最後以公司方式勝出。掛名蘭室董事長的鍾永男說：「買賣需要有個主體完成登記程序，倘若房子掛在我名下卻是八人共有，不太恰當。幾經考量，因八人都非大溪本地人，根本沒有任何家族淵源，且每個人投資額度不太一樣，採用公司法登記最能保障所有人該有的權利義務，人人是股東，清清楚楚。三年多來，並未產生什麼問題。」黃士娟則半開玩笑說，成立公司就不用擔心萬一日後子孫間有糾紛導致產權變複雜，甚至讓老房子被拆了。

「大家原只是單純想設立一個美館（藝廊），延續這棟老屋的生命，也讓這座原本秀才的家與藝術家的故居有新的風貌，並不是要做什麼生意，能不虧錢就很棒了。我們如果有賺錢，歡迎課稅。」擔任蘭室執行長的林昕笑著說。

就這樣，「蘭室文創股份有限公司」成立了，開啟百年老屋的新生命。

整修規劃

尊重房子原貌，發揮專業合作修房子

最外面寫著「蘭室」二字的牌樓立面建於一九一八年，但老屋原始起建年代應該更早，已知以呂鷹揚女兒之名為主題的花卉彩繪，經紅外線拍攝發現落款為一九〇一年，以此推論老屋起建年代可能往前推到清末。

對於這棟歷史超過百年的老房子，這群在建築文史領域各有專長的夥伴，是如何規劃整修的呢？因前任屋主將房子照顧得非常好，鍾永男主張應該要尊重空間本來樣貌與質感，暫時不用做太大改變；同時也考量若修繕費用過高，團隊一時恐無法負擔，期許日後引進公部門資源協助，再做大規模修繕。因此，蘭室第一階段的工作是「清」，去除後期增添的物件與元素，例如壁堵去漆、立面牌樓清洗等，讓建築本身質感呈現。第二階段重點是「去」，將不適合的老家具移除不保留。雖然歷史建築可以容許改變，但蘭室初始採取的是較保守的作法，即慢慢熟悉空間，再逐步調整使用。

↑「我一百歲了，請不要碰我」，老屋處處貼有警語。

→蘭室構造材料為土堝磚承重牆系統，整修時在第一進地板兩側做排水集水槽，底部設置木炭、石灰，再將瓦片直立以豎井原理讓潮氣上升，使牆壁不再受潮氣膨脹而剝落。

在兩進之間搭建半透明的採光罩，兼具透光、美觀與防護功能。

蘭室的修繕有幾處獨創工法可提供各界參考。其一，傳統土堝厝牆壁往往容易受潮氣影響，膨脹而剝落，具有古蹟修復經驗的黃任維，嘗試在蘭室第一進地板兩側做排水集水槽，底部設置木炭、石灰，再將瓦片直立以豎井原理讓潮氣上升，每日開門使空氣流通，潮氣因此降低很多，吹南風時甚至不會有返潮現象。其二，為改善老屋光線不佳的缺點，蘭室將後進屋頂開了個天窗，自然光效果極美；之後在兩進之間搭建起半透明的採光罩，兼具透光、美觀與防護功能，與常見的古蹟修建直接加蓋屋頂鐵

第二進大廳壁堵去漆露出內裡最原始的紅，讓老屋重現華美雅緻氛圍。

棚大不相同。其三，黃任維依據經驗判斷第二進大廳壁堵應藏有最古老顏色，因此實驗了大面積的剝漆，將歷年來塗上的米黃色漆去除，終於露出內裡最原始的紅漆，讓老屋重現華美雅緻的氛圍。

營運

要或不要，定位需清楚

背景各異的八個人，各有各的專業，就是沒有開店的經驗，但為何決定開店？林昕說，有了常態的店面即可以定時開門，無須預約，路過的遊人或特意前來的朋友，都可自由參觀，間接達到介紹蘭室的目的，「至今，來參觀的比消費的多太多。」

營運之初，即清楚設定幾個重點。一、原屋主呂鐵州是台灣重要膠彩畫家，因此想做與老屋歷史相關的藝術品推廣，也就是美館。二、第一進除當作美館外，也做賣店，但不販賣與大溪在地商家重複的商品，如滿街都是的木藝品，要引進大溪沒有的。第三、因大溪產茶，所以於第二進開設茶坊販賣茶葉及茶具，更可藉此推廣大溪茶的產業史，也述說文人雅士飲茶的情調。

在規劃美館時，原以為大溪正缺少藝廊，且藝廊可賣畫有收入，所以將蘭室美館定位為大溪的美館，二〇一七年六月開放後，曾主動舉辦過多檔展覽，原預期可一檔接一檔，藉此吸引更多人來參觀，但畫展反應卻沒有預期好，鍾永男略帶無奈的說：「或許來自外地的這八人是以台北觀點來規劃而導致期待有落差吧！」目前美館暫時改採被動式接受展示合作，降低了主動邀展的比例。

此外，他們也嘗試藉由八位「室友」的專長與人脈開辦講座，一堂保健身體的艾灸課，想不到竟然爆滿，但意外的是學員都來自外地而非本地人；亦推出「蘭室講堂」，邀請年輕專業研究者來講解台灣歷史與建築，讓知識得以傳遞。

林昕說，遊客熟悉的大溪老街是和平路一帶，中山路這端遊客較少，消費人口有限，且蘭室聘有兩位專業工作人員，和大溪其他街屋多屬老闆（娘）自家看店，成本結構大不相同，指望單靠開門營業賣點茶、民藝品當然是不夠的，期望損益打平仍需時間，這是蘭室夥伴仍在努力學習的課題。

政府資源，民間該不該拿？

談到政府補助這件事，蘭室室友們紛紛說起二〇一六年桃園市府住宅發展處的都市更新整建維護補助辦法，蘭室是第一件申請案，也是當年唯一一件獲得補助的個案，但為何是唯一？黃士娟解釋當時是首度開辦，手續、申請表格實在超麻煩，要求資料過於專業，導致其他申請者紛紛退出，只有蘭室團隊因有建築專業成員，才得以勉強撐到最後，成為首件「微整形」成功案例，蘭室的申請經驗也因此成為後續其他老屋申請補助的重要參考。這筆來自政府的補助，順利協助團隊歷經半年修繕，完成騎樓天花板、門面去漆重現原貌、牌樓修繕與防水更新等工程。

對於政府的補助及資源，蘭室採取開放式的態度，需要的話就去申請，實質的協助當然重要，但更視為擴展合作面向的方式。目前，也是大溪木藝生態博物館街角館成員之一的蘭室，每年亦獲得木博館小小補助，做為合辦活動經費。

不虧錢就好，期待成為平台

台灣日益增加的老屋新生案例，往往帶給外界無限美好、浪漫的印象，似乎老房子可輕易成功營運。但長期投入古蹟修復的鍾永男以過來人經驗建議，一定要先有清晰的理念才來營運老房子，畢竟整修耗時，投入時間很長、項目很多且經營人才也需專業，要轉成營業收益很不容易。一般開店做生意都不一定能成功，何況是像老房子這樣的文化場域，何來期待賺錢？因此事先一定要有長期投入奮鬥的心態。在合資成立蘭室時，眾人已將目標設定不虧錢即可，雖然這個目標目前仍有待努力。

而與蘭室緊鄰、同用共同壁的11號，早已荒蕪十幾年，屋況甚糟，在一次大雨過後蘭室夥伴投入進行搶修，原屋主知道後，也決定放心把11號賣給這群用心保護老房子的人，從一到二，蘭室擔負的責任越來越重了。鍾永男說若可順利經營，這裡也等

第二進開設茶坊販賣茶葉及茶具。

於是他們八個人共同的老家，一年幾次聚在一起，相當好。老空間自然有其價值與意義，但他更期待，已成為大溪公共財的蘭室，能發揮聚眾的功能，對外號召認同者集結參與議題討論，開辦「蘭室講堂」，讓各式古蹟修復再利用議題在此發聲，以活力十足的平台為目標，持續傳承大溪人文薈萃的精神與風潮。

二〇一九年一月十七日，獲文化部私有老建築保存再生計畫補助，全台首創的「老屋情報館」在蘭室揭牌，讓民眾可以在這裡獲得老屋修繕的諮詢服務，了解老屋修繕的方式技術，甚至也提供老屋出診服務，成為老屋交流平台的有力據點。

文／葉益青　攝影／范文芳

蘭室第一進除當作美館外，也做賣店，可藉此推廣大溪茶的產業史。

養生
忘
茶味

蘭室

老屋創生帖

讓各式古蹟修復再利用議題在此發聲，
持續傳承大溪人文薈萃的精神與風潮。

鍾永男

老屋再利用建議

1. 營運老房子要有清晰的理念以及長期投入奮鬥的心態。
2. 整修採取較保守的作法，先尊重空間原本樣貌感，日後引進資源協助，再做大規模修繕。
3. 對於政府公部門的補助及資源申請，採開放式態度，更視為擴展合作面向的可能。

老屋檔案

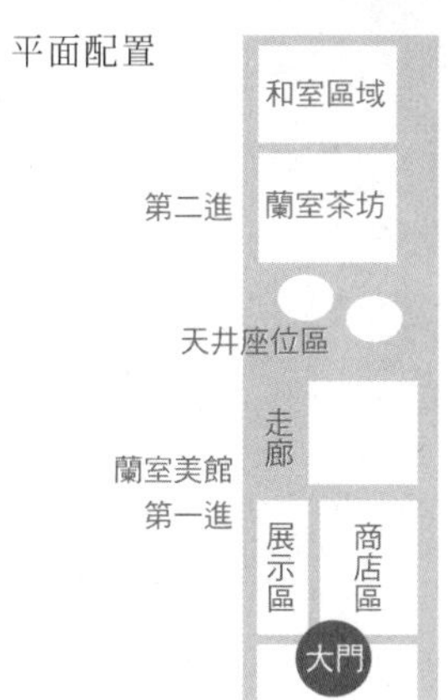

地址／桃園縣大溪區中山路13號
電話／03-3873711
開放時間／周三至周日11：00～18：00
（周一、二休館，到訪前請先參考官方網站確認）
文資身分／歷史建築
起建年分／清末時期
原始用途／住宅
建物大小／64坪
再利用營運日期／2016年4月
建物所有權／蘭室文創股份有限公司
取得經營模式／購買
修繕費用／約350～400萬元（含設備）
收入來源／政府補助10%、股東出資40%、
商品收入40%、場地租借收入10%

股東出資 40%
商品收入 40%
政府補助 10%
場地租借收入 10%

起建年分
清末時期

老屋微市集，開創大溪文創平台

新南12 文創實驗商行

桃園市大溪區中山路12號

在大溪，就像過著人情味很重的鄉下生活，
步調慢慢的，
如同回到家一樣的自在、舒服。

——————————**鍾佩林**（現任主人）

第一進的文創商店有三成販售大溪在地品牌。

有別於大溪和平老街的人潮熙攘、商家林立，約五百公尺處的中山路相對幽靜，舊稱「新南老街」，許多富商、文人的宅邸匯聚於此，包括簡阿牛的「建成商行」、呂鷹揚的「蘭室」等。位於中山路12號的「新南12文創實驗商行」是由大溪梅鶴山莊於清末時期興建，日治時轉賣給大溪名醫傳祖鑑，之後當過樂器工廠，二〇一五年底由具有古蹟修繕背景的鍾佩林、林澤昇夫婦買下，希望透過年輕的思維讓老宅活化，也以原有街道命名，讓這個居所有了與在地認同的使命感。

源起

蹲點社區營造，以三手微市集擾動在地

「我想，是這棟房子把我們找來的……。」鍾佩林如此說起與大溪的緣分。

早在二〇〇九年，夫妻二人便隨北藝大黃士娟老師在大溪和平路做老街立面計畫，開始深入了解大溪，認識了許多在地人。婚後兩人原本住在桃園市，有了孩子且考量經營的設計公司不一定要在市中心，於是先賣掉公寓當頭期款，在大溪外圍買了棟透天厝，自此成為新大溪人。

屋主鍾佩林把新南12做為自己的住所及串聯大溪文創的平台。

來到大溪後，夫妻倆更積極參與大溪木藝生態博物館的籌備工作，從附近日式宿舍調查開始凝結在地共識，在新南老街的歷史建築「建成商行」裡舉辦活動，藉此擾動在地居民參與。當時桃園並沒有文創市集，於是和工作夥伴、擅長藝術和文創設計的高慶榮一起籌辦，招募共同理念的年輕夥伴，以二手「人」加「時間」所累積的過程，再加一手「創意」，成為現在「三手」微市集，二〇一五年七月舉辦了第一場專屬大溪的文創市集，自此打開大溪文創平台的大門。市集活動越來越熱絡，街坊鄰居越來越熟識，鍾佩林和林澤昇開始思考如何把好不容易帶來大溪的文創能量留下，並希望能在老城區找個合適的空間做為工作室。

街坊大姐熱心介紹這棟中山路百年老宅給他們，雖然屋況並不好，但一看到牌樓，心底浮現「對了！就是這裡」，夫妻倆還沒完全看過整棟宅院便火速決定買下來。二〇一五年聖誕夜簽約買賣完成，自此成為大溪人，展開老房子漫長的修復與營運之路。

整修規劃

浪漫的衝動，「整理」變「整建」

沒想到買下這棟百年老宅才是真正考驗的開始。原先只想老屋原本的木料捨不得丟棄，於是劈成木塊做為櫃台裝飾，因此有些客人以為現場有販售窯烤披薩。

簡易整理就好，想不到打開老宅結構層、掀開屋頂才發現，「整理」的工項竟變成「整建」的大工程！屋裡滿是傾倒的土堆、廢棄物，還長了一棵雜樹……，硬著頭皮咬牙動工，原本預估最多花四百萬整修，但後進狀況更複雜，最後爆增到八百多萬元。

為了盡可能保留這棟老宅院，包括門窗、庭院、結構、現場物件等，整修時無法使用大型機具施作，只能靠人力從最後方慢慢處理，甚至連鍾佩林當時只有三歲大的兒子也在工地幫忙。幸運的是，當時鄰居也同時在施作工程，才能借道搬入大型結構材料，由於屋長六十公尺，共有九戶鄰居相鄰，且都是共同壁，每修一段就得先和鄰居溝通討論，因此光是處理空間結構就花了將近一年。

既然是自己的房子，屋主二人也都擁有建築背景，對於掌握空間屬性和規劃十分上手，老屋整建過程夫婦倆只畫過一張規劃圖，接下來就邊看邊修，畢竟老房子狀況多，得靠現場和師傅溝通討論，共同處理問題。

四處奔走調頭寸，在地貴人相助

老房子很美，但實際狀況是：百年老屋對銀行借貸來說殘值是「零」，幸好有在地銀行與長輩協助，讓後續修繕房子的資金能夠到位。更重要的是，一路上有許多大溪人相助：鐵工廠、泥作廠的老闆，知道年輕人的預算有限，各足足被欠上幾十萬元也沒有來催帳，等到宅院修好，工作穩定，開始有收入，想趕緊還錢時，泥作老闆、水電師傅還佛心的安慰說「慢慢來，沒關係」。修繕過程中，鄰居們也不時關心、煮點心慰勞，屋內的打字機、木桌、行李箱、裁縫機，都來自附近長輩們的捐贈；開幕當天，隔壁媽媽更幫忙煮湯圓、油飯，附近音樂教室的老師也來助興演奏。老屋再生的過程，因有了在地鄰居的幫忙，讓「新南12文創實驗商行」終於可以於二〇一六年十一月八日正式開門。

營運

招募眾人專長，分場域彈性合夥營運

經過一年整修，總算把建築本體完成差不多，但接下來要怎麼經營？鍾佩林自認不擅

→正上方是唯一留下來的瓦梁。

↘整修時讓舊木再利用，狀況好的由木工師傅拼成牛樟木桌，變成好用的工作桌。

↓第二進「天井逅書」。

長營運，決定釋放空間，希望透過大家專長一起經營；專做手作布包、皮革、木雕、金工的夥伴，除了把商品帶進這裡販售，也將課程帶來大溪分享；會做料理、甜點的夥伴，就安排長期駐店店長計畫，夥伴可以來當一日Hito店長。經過三年時間的磨合與成長，從原本只有一成的大溪在地品牌，慢慢增加到三成；餐廚料理也轉以大溪在地食材來製作，逐漸做到「大溪限定」這個願景目標。

「難道老房子只能做咖啡、餐飲、賣文創商品而已嗎？」鍾佩林和北藝大畢業的陳柏良討論起開書店的可能，由於大溪只有賣文具、參考書的書局，在整理好第二進空間後，考量到因偏鄉實體書店在質量上比不過網路書店，因此決定第二進的「天井逅書」不賣一般店頭暢銷書，而以主題方式選書，例如搭配在地時節、節慶、文化選書，另選擇台灣各地小農以及時下食安話題等相關書籍。營運至今，透過

二樓是餐飲區也是展場，桌子、天花板一樣是老木料再生。

消費者的回饋與銷量，慢慢抓到銷售方向與認同。目前在人力分配上，第一進的文創商店由夥伴高慶榮和鍾佩林合作，六四分成，餐飲部分為鍾佩林負責；第二進「天井逅書」由陳柏良選書管理，現場銷售由鍾佩林負責；二樓兩個房間的民宿則由鍾佩林全權負責。在這間百年老屋裡，有著數種複合營運的方式在發生。

與地方共生成長，才是營運長久之道

大溪是個假日人潮眾多的觀光小鎮，但經營一家店無法單靠假日的業績，如何讓生活品質與在地營運平衡，是個很重要的課題。鍾佩林說，在修繕房子期間，大溪區公所提出希望把「新南老街」規劃成跟和平老街一樣的人行徒步區，做為在地觀光產業一環。不過整修道路當然好，但攤販問題會成為大家的夢魘，因此自發組成「新南老街厝邊聯誼會」共同簽署居民公約，讓這條街區騎樓保持淨空、騎樓不外租、不設垃圾桶、攤販不進駐，店面原則上以在地人自己經營，這樣的共識讓新南老街有別於和平老街的繁雜，也讓許多人越來越喜歡這裡的靜謐。

為了解客源，鍾佩林特別做了一整年問卷調查分析，結果竟然與想像大不相同！原以為所經營的文創商店，應該有不少是透過網路、臉書前來的客人，沒想到竟然占不到一成，將近七成是在地客。這個意外的結果，讓「新南12文創實驗商行」更加清楚經營的定位與未來的發展。目前「新南12文創實驗商行」主要收入來自餐飲；商品、活動約占三成；書籍約占一成。直到二〇一七年底才全部還完原本積欠的裝修貨款，二〇一八年才開始收支平衡。

來到新南12文創實驗商行，並不強硬要求客人消費，輕鬆自在進來走走，體驗老房子的美，就像鄰居隨時來串門子聊天一樣，「反正是自己家，自己生活的一部分」；鄰居臨時要借個茶碗，就過來借；主人有事暫離，請客人幫忙顧店一下，「人情味很重的鄉下生活，步調慢慢的，就像回到家一樣的自在、舒服。」鍾佩林笑說自己對經營很隨緣，其實「骨子裡是懶惰吧！」在她心中希望「新南12文創實驗商行」能讓更多人參與，就像是來到老朋友的家，各自享受老空間的美好，這樣一個家就能夠長久吧！

文／葉益青　攝影／范文芳

新南12文創實驗商行

老屋創生帖

以「社區」為主軸經營的生活空間，
與在地青年一同成長，創造專屬大溪的文創。

鍾佩林

老屋再利用建議

1. 百年老屋很美，但對銀行借貸來說，殘值是「零」，資金運用要先規劃清楚。
2. 老房子狀況多，得靠現場和師傅溝通討論，共同處理問題。
3. 與地方共生成長，才是老屋營運長久之道。

老屋檔案

平面配置

地址／桃園市大溪區中山路12號
電話／03-3884466
開放時間／周三至周日11：00～18：00
（周一、二公休）
文資身分／無
起建年分／清末時期
原始用途／住宅、診所
建物大小／約90坪
再利用營運日期／2016年11月
建物所有權／私人
取得經營模式／購買
修繕費用／超過800萬元
收入來源／餐飲60%、商品及活動30%、書籍10%

OPEN BOOK

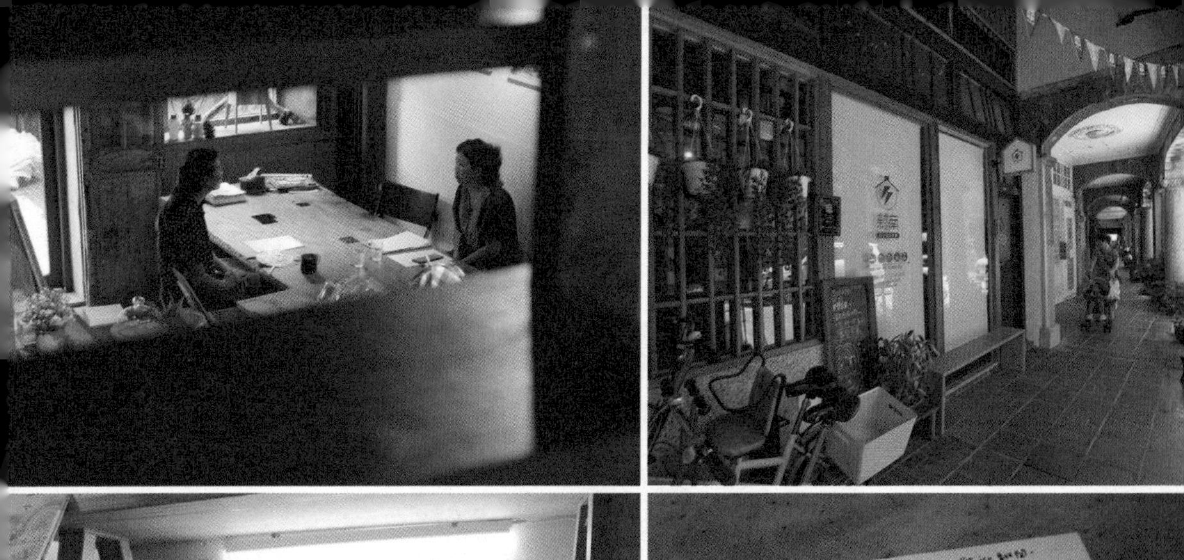

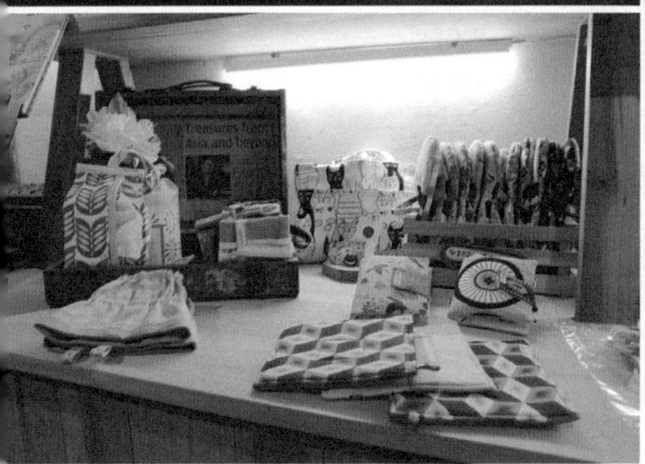

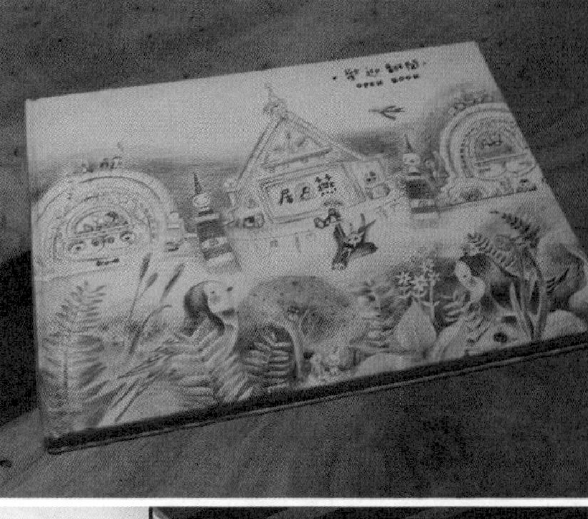

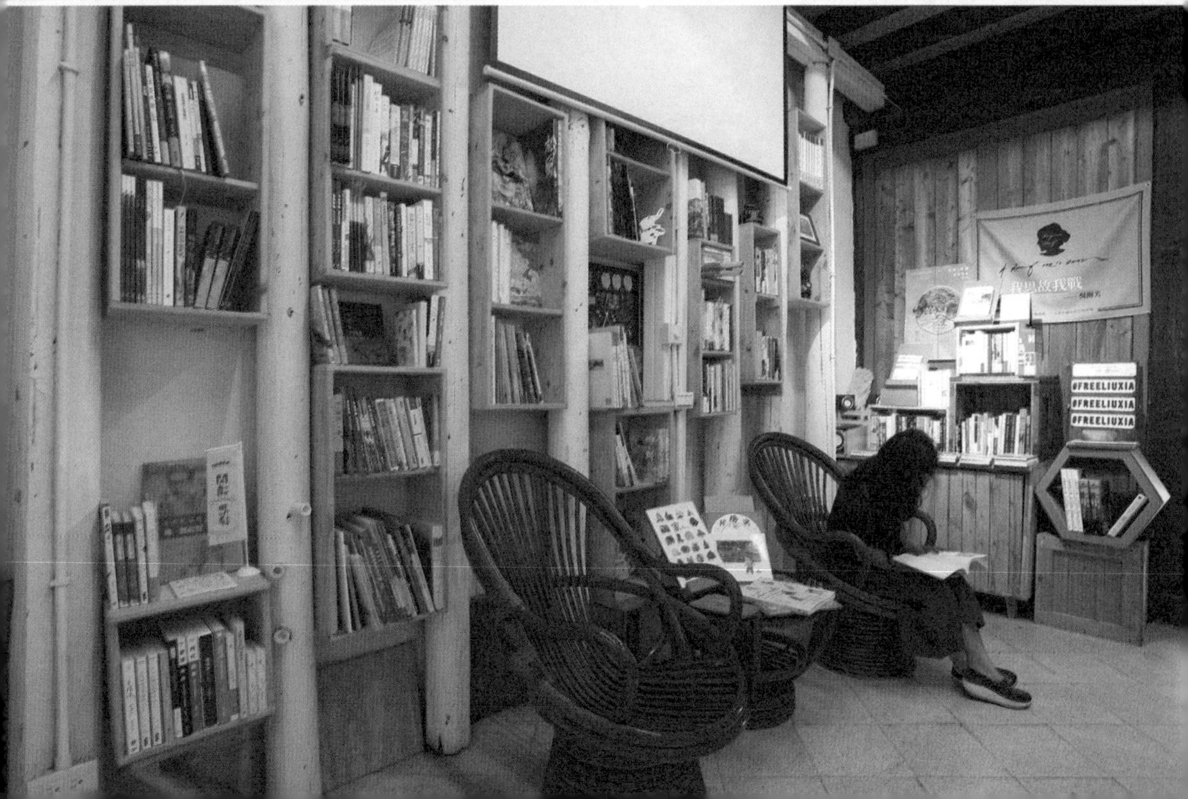
我思故我戰
#FREELIUXIA
#FREELIUXIA
#FREELIUXIA

起建年分 1903

分時共生，提供創業者築夢舞台

恆春信用組合

屏東縣恆春鎮文化路155號

把經營時段、空間分割出去，由多組團隊來經營，
既能發揮老屋空間的最大值，
又能避免產生勞資對立的問題。

——————————————**Ricky**（現任經營者之一）

「恆春信用組合」白天是咖啡館，夜晚則化身為酒吧，樓上還有住宿空間，有時也會舉辦市集，不同時間來到恆春小鎮這棟具有百年歷史、前身為銀行的老建築，都能看見不同風貌、遇上一點驚喜，這就是「恆春信用組合」的魅力。

這裡以「共用工作空間」（Co-working Space）為概念，讓有才華、有技術、有夢想的人齊聚到這棟老房子，劃分時段、區隔空間，各自搭起自己的創業舞台，以共生的方式將「老屋新生」這四個字發揮得淋漓盡致，也讓舊有的空間，因為大膽作夢、勇於嘗試，而有了嶄新的生命力，是活化老屋相當特殊的案例。

恆春信用組合建材取自當地的咾咕石，外觀則延續19世紀興盛的新古典主義樣式。

源起

在「信用」基礎上，打造夢想基地

「恆春信用組合」這個名字有兩層意義。其一，就字面上而言，「信用組合」即為日治時期「銀行」的意思。在當時，恆春為全台瓊麻工業之重鎮，以瓊麻製成的纜繩堅韌耐用，出口貿易可觀，帶動了當地的經濟，但當時恆春尚未有銀行，因此，當地仕紳陳雲士便於一九一八年發起成立恆春信用組合，一開始設立於南城門旁小巷弄內，一九二九年左右，再移到文化路現址（建物於一九〇三年興建），就這樣靜靜佇立於此看盡百年歷史。

第二層意義，則要說起目前在這棟老房子中營運與生活的這些人、那些事。不同於過往的銀行印象，今日的「恆春信用組合」來了一個由Ricky、Monica、王重喬Jo等五人組成的團隊，提倡共享經濟、共生營運，將這個兩層樓的空間善加利用，不同時段、不同空間各由不同的創業者來經營，藉由複合營運模式，提供年輕人或想創業的人一個實現夢想的基地，彼此之間也能分享經驗、腦力激盪，創造不一樣的火花。這樣的構想，不就是一個建立於彼此「信用」基礎上的「組合」嗎？

拆夥、重組，以共享經濟解套勞資對立

不過，是什麼風把這些人吹到了一起呢？沒想到關鍵字竟是「咖啡廳的常客」。原來，喜愛衝浪的Ricky以前常到墾丁一帶，但每次來總覺得這裡沒有一處可以舒服窩著的咖啡廳。在他二〇一三年結束台北的工作後，機緣巧合遇上了這棟格局方正挑高的恆春老房子，於是決定南下簽訂租約、搬到恆春，與幾位股東開啟在台灣南端經營咖啡廳的日子，成為「恆春信用組合」這個空間的前任經營者。這段時間他累積了不少的熟客，其中也包括同樣從台北移居到恆春的Monica和Jo。

然而，因為業績、經營型態等問題，

2016年底Ricky（左）和Monica（中）、Jo（右）等五人，在這個空間內共同實踐共生之路。

Ricky與他的股東們開始意見分歧，Ricky無奈表示：「老闆、員工、客人是很奇怪的三角關係，而現況的勞資關係又很容易使彼此對立。」因此，股東之間決定結束合作關係，而有了這次經驗的Ricky，開始探尋其他的經營模式，他發現「共享經濟」或許是一個解套的辦法。

Ricky分析，在共享經濟下，所有人都是平等的夥伴關係，可減少勞資關係常碰到的僵局。另一方面，以餐飲業來說，同一組人馬要從早上經營到晚上，工時太長、負荷太重，若要找更多的人力，時間久了，勢必也會產生更多「人」的問題，但如果把經營時段、空間分割出去，由多組團隊來經營，既能發揮這個空間的最大值，又能避免上述問題，豈不兩全其美？於是，在二〇一六年底，Ricky和幾位原先咖啡廳的常客Monica、Jo等五人，便一同盤下了這個空間的經營權，共同實踐共生之路。

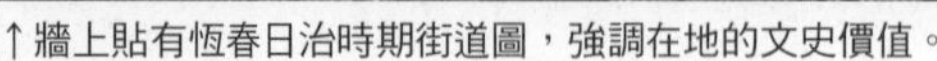
↑牆上貼有恆春日治時期街道圖，強調在地的文史價值。

↗一樓吧檯上放著經營者的合照，提醒自身勿忘初心。

→恆春信用組合一樓典雅壁燈。

← 一樓空間格局方正寬敞。白天是「Café1918」，晚上化身為酒吧。

整修規劃

多用途、可拆解的複合空間

團隊當中，每人依照所長分工。Ricky具有餐飲背景，主要經營一樓下午時段的咖啡廳「Café1918」以及創業輔導諮詢；本身也在經營其他民宿的Monica，對室內設計、裝潢改造很擅長，二樓的「信用帳 Campsule」住宿空間管理就由她主打；Jo是在恆春開業的建築師，著重於老屋的建築、空間及歷史文化背景的探究；其他二位則是出資居於幕後角色。大致分工如此，但實際上許多市場規劃及營運策略，都是由所有人共同討論而訂定。

承租之時，老房子外觀大致完好，但由於已有一段時間荒廢，水電幾乎都不堪使用，屋內也有多處漏水需要修補。不過整體來說，都不是太困難的修繕。至於空間規劃方面，一樓主要讓不同時段的餐飲創業團隊進駐，因此，

在吧檯、廚房的設置上花了一些心力。二樓則採用銀行做「帳」的諧音，以可拆解的帳篷單元，做為個人膠囊住宿空間，麻雀雖小、五臟俱全，電視、床頭燈、盥洗袋等都在這個小小的空間中找到自己的位置，卻又不顯得狹促，是很不錯的空間配置範例。而將帳裡的寢具移開後，又可轉化為一個個的展場或市集攤位，

一樓門口處的保險箱裡頭究竟藏了什麼，令人好奇。

二樓「信用帳」空間，以可拆解的帳篷做為個人住宿空間。而將帳內的寢具移開後，又可轉化為一個個的展場或市集攤位。

Monica表示：「這裡的空間陳列使用原則，就是無定義、多用途、可拆解的複合型態。」

有趣的是，在一樓的門口處，至今還留有一個自日治時期所留下來的保險箱，在這個小金庫的門扇上，有個圖案代表日本七福神之一的「大黑天福神」，是掌管農業豐收與財富之神。可惜，目前保險箱已被封死、無法開啟，裡面到底放了什麼東西，至今仍然未知，也讓人有了更多的想像空間。

營運

築夢踏實或是認清事實？

想進駐「恆春信用組合」，其實門檻不高，餐飲區一個時段「每月租金」是八千元，現場廚房、吧檯設備一應俱全，股東們也樂於與創業者分享經營心得，等於空間、設備、顧問一次到位。自二〇一六年底以來，已有五個創業團隊進駐，有不少成功的案例，帶著從這

小小帳篷內電視、床頭燈、盥洗袋等一應俱全。

夜晚，則由莊政諺所打理的「30M BAR」上場。

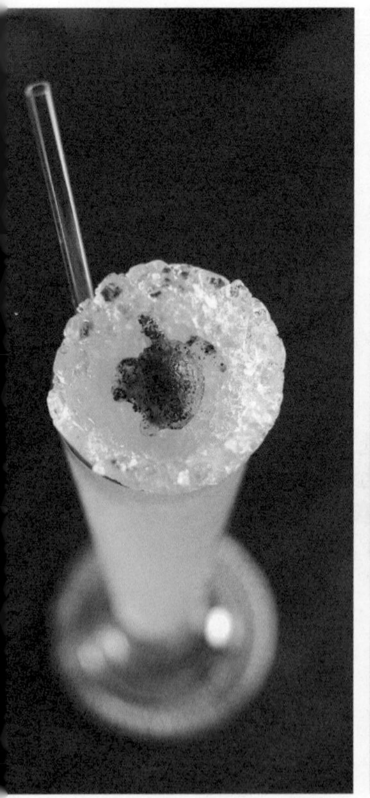

這杯名為「綠蠵龜」，乍看還真以為有隻小烏龜在冰塊上。

莊政諺藉調酒以傳遞環境教育理念及在地文化內涵。左：「金色港口」調酒，右：「綠蠵龜」調酒。

裡建立起的品牌與信心，到外面闖天下，相對地，當然也會有人失敗，「但花八千元認清事實、收手止血，比起自己開店砸了幾十、幾百萬元來說，這個經驗還不算太貴。」Ricky這樣分析。無論成功與否，在「恆春信用組合」總是能遇上一些令人驚喜的築夢者，像是二〇一七年二月開始於晚上時段經營「30M BAR」酒吧的莊政諺，即為一例。

生物背景出身的莊政諺，同時也是一名潛水教練，長期投入恆春環境教育相關工作，但他發現，傳統的上課方式，聽眾總是那群已經很有意識的人，無法發揮教育一般大眾的目的。為了要跨出「同溫層」，莊政諺決定以自學的調酒做為工具，設計出名為「綠蠵龜」、「鸚哥魚」等多種海洋系的調酒，還有以在地文化及社區命名的「金色港口」、「後灣」、「里德」等風土系調酒，在酒酣耳熱的氛圍下，無形中就把環境教育的理念及在地文化的內涵傳達給客人，引發興趣。莊政諺說，30M是讓潛水員產生氮醉的深度，據說是相當於喝了一杯馬丁尼的微醺。來到這裡，不需潛水也能藉由輕鬆的交談及品酒，置身海底悠游，上一堂關乎你我的自然課。

期盼老屋與在地關係永續發展

除了創業平台招商，「恆春信用組合」團隊也積極與其他單位跨界合作，其中辦市集就是可以一次與多個創業者互動、慢慢凝聚彼此能量的方式。當二樓住宿空間中的一頂頂帳篷，從平時的膠囊旅宿化為一攤攤的風格賣家，在室內開起了小市集，不只引來觀光客拜訪，就連在地人也趕來一探究竟。此外，與在地的聯結及合作，也是「恆春信用組合」不斷致力的重點，包括印製恆春老街地圖、參與當地淨灘活動等，在在都能看出這群人所付出的心力。提到未來，除了持續發展創業平台的角色外，Jo也特別提及對老屋的想像：「希望未來能讓老屋找到自身生存的方式與價值，包含歷史故事以及跟在地更多的聯結，進而延伸到恆春半島的自然景觀和人文歷史，讓老屋與在地的關係能夠更加永續。」相信這一席話，也是眾多老房子營運者的共同心聲。

文／高嘉聆　攝影／林韋言

恆春信用組合

老屋創生帖

以共生、共享的概念，建立一個創業平台，讓創業者分時段入駐，培養自身品牌。

Ricky、Monica、Jo

老屋再利用建議

1. 切割時段、共享空間的複合營運模式，進駐租金因分攤而得到合理調整，對創業者來說較沒有負擔。
2. 以無定義、多用途、可拆解的複合陳列模式，讓老屋的空間規劃有更多可能性。
3. 讓老屋找到自身生存的方式與價值，並與在地聯結、紮根，使彼此的關係更加永續。

老屋檔案

平面配置

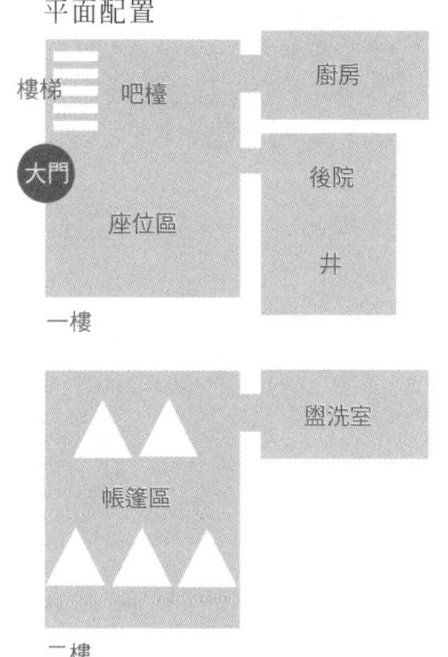

地址／屏東縣恆春鎮文化路155號
電話／08-8883700
開放時間／Café 1918 周三至周一11：00～18：00（周二公休）；30M BAR 周三至周一20：00～02：00（周二公休）
文資身分／無
起建年分／1903年
原始用途／銀行
建物大小／單層約30坪，總計約60坪
再利用營運日期／2016年底
再利用後用途／餐飲、酒吧、住宿空間
建物所有權／私人
取得經營模式／租賃
修繕費用／300萬元左右
收入來源／餐飲30%、住宿40%、創業平台租金30%

餐飲 30%	住宿 40%	創業平台租金 30%

起建年分
日治時期

在老宅裡享受理容與喝咖啡的服務

父刻理髮廳

宜蘭市碧霞街26號

客人可說從一進門就開始消費，
不只是單純理髮而已，
還包括空間氛圍的享受。

——————**許智凱**（現任經營者）

父刻理髮廳是一間以男子理髮為主題、賦予老屋新生命的店家，二〇一七年在宜蘭舊城碧霞街的小巷內掛起了理髮藍白紅旋轉燈，設計師兼老闆是位年紀不到三十歲的年輕人許智凱，有別於常見以書店、咖啡廳形式活化老屋，他選擇以理髮加咖啡的營運方式做為宜蘭返鄉生活的開始，除了興趣之外，另一主因為他老家是宜蘭祖傳三代的理髮廳，取名「父刻」，代表了老字號傳承的剪髮技藝。

源起

返鄉，在老城區的老房子創業

店主人許智凱，一九九一年生，蓄鬍的他外表顯得比實際年齡成熟，他從小耳濡目染，國中時就會幫客人剪燙髮，但一路求學，走的卻是高科技人才育成路線，研究所念的是中興大學奈米科技研究所，畢業後終日與材料分析報告為伍，雖是人人稱羨的科技新貴，但他始

一樓雖仍擺放理髮椅及洗頭用水槽，只是為了品牌識別與空間布置點綴，並非為了理髮用。

幸福的一家人返鄉回宜蘭生活。

許智凱是父刻理髮廳的靈魂人物。

終覺得這不是其生命職志所在，更不想被侷限在這個圈圈內，於是毅然重拾起剪刀、到台中新式髮廊上班，走上與父親、祖父同樣的道路。

許智凱結婚生子後，有了強烈回鄉落地生根的念頭，想自立門戶開一間新型態理髮廳，以與家庭式的老店區隔，便積極在宜蘭市找房子，因緣際會在網路上看到老屋出租的訊息——這是一間小巷內的傳統民宅。許智凱說隔壁的地主是一位九十多歲的阿伯，在老人家的記憶中，小時候這間房子就已存在了。後來屋主賣給一位從台北來的補教老師，整修後本想做為度假使用，但規劃有變，第二任屋主遂萌生出租的念頭。

老房子所在的宜蘭市碧霞街，以奉祀岳飛的「碧霞宮」而得名，附近有一處紀念蘭陽第一位舉人——楊士芳的紀念林園。許智凱依約來看屋時，馬上就被周邊綠意靜謐的氛圍所打動，加之建築與阿公老家相似，且屋主已將屋況整理得差不多，雙方談好租金每月一萬五千元，一次簽訂二年，價格每兩年調整，許智凱說：「從二〇一七年四月二十一日開始營運至今，已邁入第二年，租金第一次調漲三千元，之後每兩年調一千元，一直調到租金二萬元為止。」

整修規劃

維持老屋原味，偏向復古懷舊

在宜蘭舊城中，要找到像父刻一樣的紅磚黑瓦屋舍，可說相當少見，大部分已改建為二樓以上的樓仔厝。許智凱承租之前，屋主已請設計師在空間結構方面做了絕大部分的修繕，他僅需採購家具、布置室內，因此三月看房子、簽約，四月就正式營運，僅短短一個多月就完成內部裝潢，迎接客人上門。

父刻建築物體大致保留了原本老屋的外殼，外觀牆壁上除了灰泥、還保留些許紅磚，可以清楚看出前後兩棟的建築結構。一樓為前後棟已打通相連的空間，約有十五坪；因沒有柱子且與隔壁不相鄰，為加強結構，在一樓後半部增加H形鋼架支撐。循著樓梯可來到後棟上半部的空間，約五坪大小，推門出去的小露台，則是H形鋼架的上方，以洗石子做為二樓牆體外觀；露台高度因為低於前棟屋頂，從小

露台可透過三扇玻璃窗向下俯瞰一樓，提供了另一種欣賞空間的趣味，也讓一樓獲得更多的採光。

室內裝修則盡量維持老屋原味，許智凱指著牆上保留的老花磚牆說：「目前所見僅剩一半的磁磚，是因為整修壁癌時敲掉了一些。」牆體刻意保留裸露的紅磚與水泥補強痕跡，搭配美式皮沙發、古早吹風機、理髮剪等工具以及斗笠吊燈，懷舊復古成為屋內風格的一大特色。在老屋左側，原本也應是同樣的老建築，因傾頹早已拆除夷為平地，屋主因看上這一片空地，整修時刻意在牆上開了兩扇落地窗，讓屋內明亮許多，流露幽靜氛圍。這一點，也是來看屋時最吸引許智凱的地方。

老房子最怕的不外乎是漏水、滲水、壁癌與白蟻侵蝕，雖然屋主在許智凱承租前已盡量做了妥善處理，但「老屋的縫實在太多了，難免在結構的接縫處還是會有滲水發生。」許智

兩扇落地窗，讓屋內明亮許多，洋溢幽靜氛圍。

→牆體刻意保留裸露的紅磚與水泥補強痕跡，搭配美式皮沙發及斗笠吊燈，懷舊復古成為風格一大特色。

二樓小露台，透過三扇玻璃窗可向下俯瞰一樓。

通往二樓的樓梯一景。

父刻價目表。

長輩留下來的理髮工具，成為復古的裝飾。

凱說像吧檯所在位置，開店沒多久即發現有滴水的情形，原因是上方露台積水造成。這些屋況問題，幸得屋主願意負責處理，但有些小地方防水層沒做好，許智凱也會幫忙補強。

營運

邊營運邊調整，享受理髮與喝咖啡二種氛圍

父刻理髮廳正式掛牌營運，從二〇一七年四月開始，一邊經營、一邊不斷調整空間與添購家具，「理髮加咖啡的複合式經營是一開始便有的構想，不過起初主力在於剪燙髮，咖啡僅是附帶服務，讓客人在剪完髮後，可以繼續留下來享受這個復古的氛圍。而營運空間的利用也做了一些改變，之前以一樓為主，二樓做為休息場所，直到二〇一八年七月才正式區分為二，樓下當咖啡廳，服務純粹來喝飲料的客人；理髮修容改到二樓，讓客人更有隱私感，但兩者都以父刻為品牌。」許智凱道出一年多來的改變。

在人力部分，父刻起初只有許智凱一人，理髮師兼咖啡飲品製作，現已有另位夥伴加入——張凱翔原本是來剪頭髮的客人，因為對咖啡的喜好且生活理念與許智凱相近，而成為專職人員，目前負責咖啡業務也協助剪髮工作。

問起來訪父刻的客人，是剪髮多還是喝咖啡的多？許智凱笑笑地回答：「目前還是以剪髮為主，一天平均有六、七位客人，每周約有三十來位；純粹咖啡廳的經營因才剛起步，所以沒有太多人知道。」牆上的理髮工資標價表，標示著父刻的理容服務：包括剃頭八百元（含理髮、洗髮、熱敷修眉）、文藝父與（父子一起剪髮）一千元、逆轉人生（含理髮、洗髮、熱敷修容）一千元等；咖啡廳則包括手沖咖啡、茶、啤酒等飲品，一人剪髮可抵二人低銷（低銷為每人必點一杯飲品），以互相拉抬促銷生意。

有別於其他的理髮廳，在老屋中設立的父刻，營運空間提供新型態的服務與空間氛圍，讓日常中原本稀鬆平凡的剪髮，變成與咖啡相提並論的生活品味。當每位客人修剪完後下樓，容光煥發的品嘗父刻專為客人精心特調的咖啡，那種由外而內的服務是別處感受不來的，也難怪顧客一試就上癮。

美式風格的理髮椅是許智凱精挑細選的。

靠臉書與實力，口耳宣傳

為了讓消費者知道隱身於巷內的父刻，許智凱在巷口掛上理髮廳專用的旋轉燈，以循跡而入。除此，臉書（Facebook）是父刻最強大的行銷利器，目前客人大多透過臉書預約服務；許智凱也在臉書分享帶家人出遊、參加義剪或市集等活動訊息，讓顧客藉此了解近期動態，努力的將品牌推出去，甚至參與二〇一八南方澳鯖魚節，讓父刻理髮廳走出室內，在內埤情人灣舒爽的海風與海景陪伴下，打造絕無僅有的戶外理髮體驗。

許智凱難忘第一位客人上門的情形，這位來宜蘭大學念書的桃園人，早在試營運前看到網路媒體介紹，就因喜歡這樣的空間及想體驗修容的感覺，未曾事先預約就直接跑來，即使他已做好開店準備，面對第一位客人時心情還是超緊張的。許智凱說像這類慕名而來的客人還不少，「所以我們不怕百元理髮的削價競爭，而是以高單價、講究服務，靠著實力奠定好口碑；客人一進門就開始消費，不只單純理髮而已，還包括空間氛圍的享受。」

目前老屋客源已穩定成長，損益已平衡，收入來源以剪髮、咖啡飲品消費為主，兼美髮用品及咖啡豆販售；此外還提供場地出租，如電視台拍攝偶像劇或是商業攝影等，也跨界合作說故事

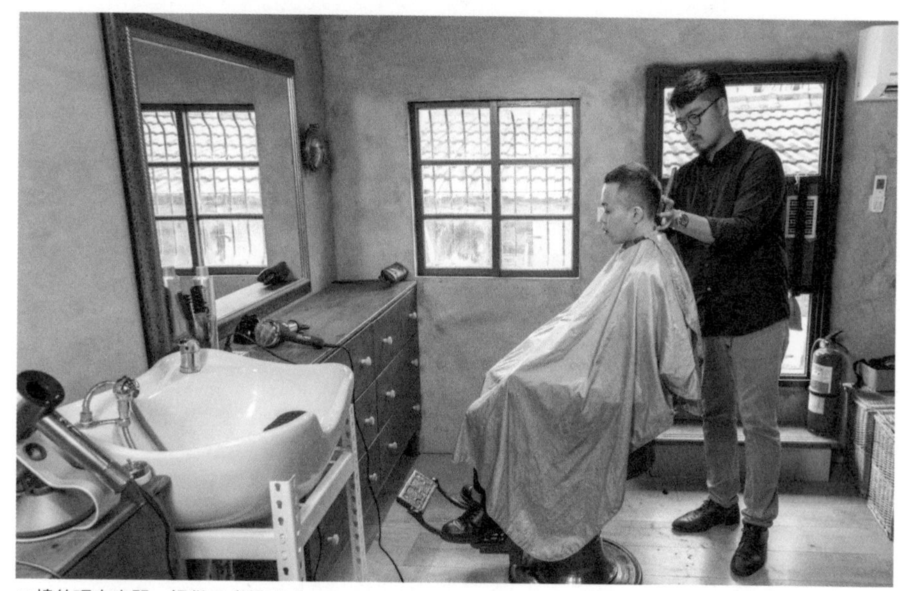
二樓的理容空間，提供更多隱私感。

給小朋友聽，老屋營運的項目相當多元。面對越來越上軌道的理髮業績，許智凱希望咖啡業務能更加健全，並且尋求二至三位實習理髮師，可以一起在宜蘭開心工作、享受生活——這是父刻在未來營運上的願景。

文／張尊禎　攝影／吳欣穎

父刻咖啡廳一人剪髮可抵二人低銷。

父刻理髮廳

老屋創生帖

提供台灣人情味的生活感，
享受由外而內的理髮＋咖啡服務。

許智凱

老屋再利用建議

1. 老房子最怕漏水、滲水、壁癌與白蟻侵蝕等問題，要先有心理準備。
2. 想要利用老房子來營運，必須懂得規劃且有手作的能力，例如空間布置等，才能合乎自己心中既定的藍圖。
3. 可多利用臉書宣傳預約，以吸引同溫層的客人，鎖定客群。

老屋檔案

平面配置

一樓
樓梯
大門
沙發
桌子
沙發
咖啡吧檯

二樓
樓梯
露台
剃頭椅

地址／宜蘭市碧霞街26號

電話／03-9353363

開放時間／理髮：周四至周二10：00～20：00（採預約制，周三公休）；咖啡：周四至周日13：00～19：00（周一、二、三公休）

文資身分／無

起建年分／日治時期

原始用途／住宅

建物大小／一樓15坪、二樓5坪

再利用營運日期／2017年4月

建物所有權／私人

修繕費用／修繕費由屋主負責，家具採購約100萬

收入來源／剪髮90%、咖啡3%、商品5%、場租2%

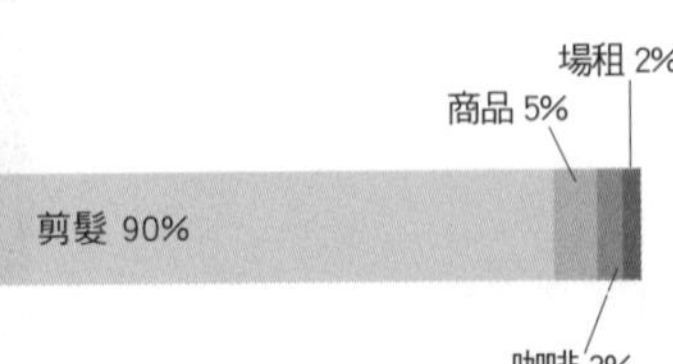

父刻
ENGRAVE

起建年分 1955

共用工作空間，老屋創造新關係

繼光工務所

台中市中區繼光街55-1號

透過新舊材料、人與人之間，
以及周遭鄰里的重新組織，
讓我們發現，原來一棟房子也能有影響力。

——————**吳建志**（現任經營者之一）

沿著台中火車站前一帶漫步，周遭棋盤式的街區，儼然已成為當地老屋活用的「示範地」。繼宮原眼科、第四信用合作社……，這波老屋改造的新浪潮，在二〇一七年又加入另一個生力軍：繼光工務所——興建於一九五五年，前身為紡織工廠的老房子，經兩位建築師賴人碩與吳建志賦予新意，搖身一變成為最時興的「共用工作空間」，目前已有六、七個事務所、約三十餘位建築同業進駐。

源起

十年租約，展開老屋修繕營運之路

方正、灰白色的繼光工務所，藏身在觀光名產街自由路後方巷弄，若不刻意尋找，一不小心就會錯過這棟融合新舊記憶的特色老屋。但對於愛老屋的新主人而言，卻似乎冥冥中有一股召喚力。

開設建築事務所的賴人碩與吳建志早在

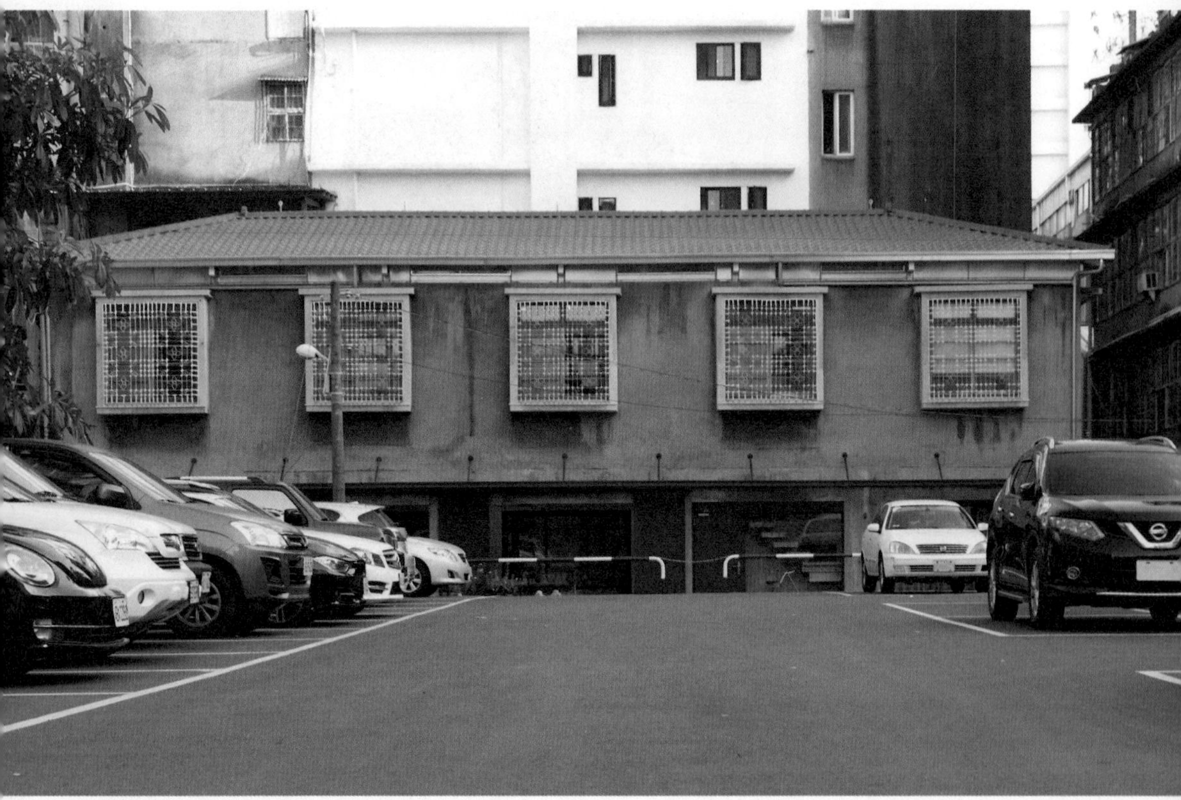

隱藏於自由路後方巷弄的繼光工務所。

台中落戶多年，二〇一五年，兩人有意搬離舊址，另覓新辦公地點，經由推動台中中區再生基地的發起人、亦是東海大學建築系教授蘇睿弼牽線，得知這處空間正在招租。賴人碩與吳建志一見到屋子，儘管歷經六十多年的風霜早已變得破敗，然而這處曾是紡織工廠的老屋，面積寬敞、格局方正，卻正好符合兩人對新辦公空間的期待。短短十分鐘，他們馬上就決定進駐此處。

不比租賃一般房子，只要雙方談定價格就能拍板定案，進駐老屋過程遠比想像複雜得多，吳建志解釋，由於老屋位於站前商圈的黃金地段，以其地段區位的確可擁有高租金行情，但其屋況不佳，就算擁有地段優勢，也無法租出好價格。

然而，在傳統的租賃模式中，仲介多半只負責撮合價碼，鮮少有人將屋況一併考慮，尤其老屋勢必得再進行修繕，如何將整修開銷

繼光工務所經賴人碩與吳建志兩人賦予新意，成為建築事務所的新基地。（圖為吳建志）

合理納入租金攤提，也不同於一般租屋估價方式。此外，修繕工程更牽涉房東與租客間的彼此信任，「若無人扮演媒合的角色，都可能使得進駐老屋的困難大幅提升，而這往往是過去討論老屋改造顯少被提及，卻極為重要的因素。」吳建志說。

所幸，經蘇睿弼居中擔保，兩人和房東達成協議，以每月一萬五千元的租金，簽下十年租約，屋子修繕的費用，全由繼光工務所自行負擔。

整修規劃

想方設法，留下時代的痕跡

事情有個順利的起頭，但修繕的大工程卻等在後頭。

一樓經過幾任房客，曾有過大致的整理，但鮮少有人使用的二樓早已蔓草叢生。破了個大洞的屋頂，房東雖然暫時搭起了鐵皮遮蔽，

為保留歷史窗花，特請來認識的鐵工仿造原樣，以留下時代痕跡。

屋況依然不盡理想；環繞二樓的幾扇窗花，有的早已因為年久失修鏽蝕破損，有的則被換成了不銹鋼欄杆。歷經數任房客的使用，屋內也出現幾個封閉、不知如何進出的奇怪格局，水電管線也得為了將來的用途重新拉設。

本行就是建築專業，過去賴人碩與吳建志經手不少公部門或是私人建案，知道留存老屋的機會十分難得。面對這棟老房子，兩人都有同樣的共識——留下時代的痕跡。

「過去你總會看到具有歷史刻痕的那種魅力，是蓋得再好的新建房子，也比不上；一棟舊屋能觸動人的感動和情感。這棟老屋，既有人的歷史，也有建築的歷史。」吳建志說。

為了留下窗花，吳建志當時遍尋全台，最後才在台南和新北板橋找到窗花師傅，但前者已經退休不再工作；而另一位只願意承接新案。最後吳建志只好土法煉鋼，請來認識的鐵工仿造原樣，鑄造出類似的窗花，再拼接而成；為了恢復舊日的時代風貌，二樓也全裝上木窗。

只是，為了留下建築的「老」風貌，卻得額外付出許多功夫。吳建志舉例，傳統建築工法考量結構承重，修復樓板時，多半「避『重』就『輕』」，利用木頭地板或是較輕的材質鋪設地面。然而，擔心裝設的木窗氣密度不足，颱風來時雨水滲入屋內，因此在設計上，只好反其道而行，在結構足以乘載的前提下，重新灌漿鋪設水泥地面。

打破界線，空間微革命

對老屋懷著尊重珍惜，但依樣復舊卻不是他們唯一的目標。旅英求學、在歐洲生活時見過不少老屋的吳建志表示，儘管歐洲民眾對老屋留存極為重視，但在傳統老屋外殼下，卻有著各式各樣的新生活。因此，「在舊的屋子裡過新生活，成了修復時的原始概念」，在這棟定位為共用工作空間的二層樓老建築裡，處處見得到兩人的「微」革命。

二樓辦公空間，兩人打破傳統一人一格的制式隔間方式，改以開放流線形桌面。一來是為了重現不少建築師在學生時代，極為熟悉的討論氛圍；二來不規則的流線桌面，除了既有的辦公使用，修飾成圓弧形的桌面轉角也可權充為討論區，讓使用者隨機移動交流，無需再另覓會議空間。

不只二樓打開了辦公桌的侷限，一樓空間更大膽將面向街道的牆面，全部拆除。坐在屋內，可將屋外的街區景色盡覽無遺；毫無遮蔽的穿透設計，也讓周遭熟識的鄰居時常直接穿越屋內，通往對街。

相較於二樓的定位早早定案，一樓用途則希望呼應前身是紡織工廠「客廳即工廠」的概念，讓員工在忙碌加班之餘，也擁有像「家」一般的功能和氛圍。聽聞一樓的規劃後，所有進駐團隊全都興奮地列出自己的許願清單。「我們簡直成了萬應公。」吳建志笑說。

一樓三十坪的空間裡，不僅掛上一座盪鞦韆，還停放小朋友的腳踏車，給夥伴們的孩子使用；另一側，利用剩餘大理石製作大桌子，當客戶上門時可當接待桌，平時則是員工吃飯談天的地方。同時為了讓空間兼具舉辦活動與講座功能，應變上門人數的多寡，更央請木工師傅，設計了一款獨門「ㄇ」字形的木桌，能夠隨著使用需求，鑲入後方展示櫃，瞬間變出大空間。

自由、實驗的精神也出現在建材的使用，像是一樓鋪設著無分割磨石子地面；通往二樓，利用小木塊壓縮、多層次交錯興建的樓梯，也是兩人藉著自己改造案所嘗試的新實驗。

繼光工務所滿足了各方的空間願望，使得整修預算連連超

利用小木塊壓縮而成的樓梯。

一樓空間裡，一座盪鞦韆是提供給夥伴們的孩子使用；另一側，大理石製作的大桌子，可當接待桌，平時也是員工吃飯談天的地方。

標，從原本規劃的五百多萬，最後暴增至九百多萬元。吳建志打趣地說：「經手別人的案子，總是能夠精準控制預算，一旦面對自己案子，就會超標。」最後，是情商朋友借款，才補足了資金缺口。這也是修復老屋最難預期的意外狀況。不比興建新屋，預算、期程相對精準，老屋的整體狀況，都只能邊整修邊觀察，除了資金規劃外，心態上也須保留彈性。另一項難題，則是台灣多數老屋共同面臨的歷史共業。吳建志說，許多老屋興建早於建築法規制定之前，一旦開始動工，常常面臨無建照的難題。修繕者必須出具稅單或其他文件，證明建築身分，才能加以動工修繕。

營運

共享工作空間，經驗交流與奧援

二○一七年七月繼光工務所修繕完成，既是自家事務所，也是對同業開放的共用工作空間，兩人計算了整修成本以及每月固定開銷後，同業進駐這裡的辦公座位，每人每月只需付五千五百元。

運作一年多後，吳建志意外發現，隨著使用經驗的累積，空間摸索出最適合進駐的團隊規模。如果是七至八人的團隊，每月在此必須付出約四萬元上下，但其實同等價格可在外租到獨立空間；若是一至二人的團隊，進駐繼光工務所，反而最能享受到超值服務，但考慮到管理方便，「最終調適出的最佳使用團隊，其實是三至四人的規模。」吳建志說。

現在，已有六至七個事務所，約三十個夥伴共同進駐繼光工務所。進駐者都是同業，有人不免好奇，難道不會有競爭關係嗎？吳建志以學校來比喻：「以前在學校，我們都在意班上誰是第一名，但走出班級外，才發現如此的競爭沒有意義。反之，是彼此經驗的交流與奧援。」

繼光工務所不論在空間、工作所開展出的「新關係」，讓繼光工務所連續贏得「二○一八台灣室內設計大獎：評審特別獎」、「二○一八ADA新銳建築特別獎」幾座建築獎項。以建築獎項的評論標準而言，吳建志解釋，其實新改造的老屋在建築工法上，並沒有太多開創。然而，從「關係」的角度而言，卻為工

二樓開放空間，以流線連續桌面，打破傳統辦公間OA隔板設計。

看似是書架資料櫃，背後其實是給工作夥伴休息的祕密空間。

作、周遭街區，創造更多人與人的互動。「透過新舊材料、人與人之間，以及周遭鄰里的重新組織，讓我們發現，原來一棟房子也能有影響力。」這棟老屋所呈現的「新關係」，因而散發出的「獨特魅力」，正是專業評審最青睞之處。

文／劉蓤楓　攝影／劉威震

繼光工務所

老屋創生帖

透過共享空間、交流經驗的新思維，
打造老屋生活和工作的新型態。

吳建志

老屋再利用建議

1. 進駐老屋需要將屋況一併考慮，如何將整修開銷合理納入租金攤提，是不同於一般租屋估價的方式。
2. 修復老屋不比興建新屋，只能邊整修邊觀察，預算、期程與資金規劃上都須保留彈性。
3. 許多老屋興建早於建築法規制定之前，常面臨無建照可動工的難題。修繕者必須出具稅單或其他文件，證明建築身分，才能加以修繕。

老屋檔案

平面配置

一樓：廁所、講座空間

二樓：廁所、辦公室空間

地址／台中市中區繼光街55-1號
電話／04-22220152
開放時間／周一至周日10：00～20：00（一樓）
文資身分／無
起建年分／1955年
原始用途／紡織工廠
建物大小／二層樓高，每層樓面積35坪
再利用營運日期／2017年7月
建物所有權／私人
取得經營模式／租賃
修繕費用／900多萬元
收入來源／空間租金65%、座談活動20%、政府補助15%

空間租金 65%	座談活動 20%	政府補助 15%

Dungeon
12

起建年分
1910
年代

保存平凡木屋，一起守護哈瑪星

打狗文史再興會社

高 雄 市 鼓 山 區 捷 興 二 街 1 8 號

房子最重要的靈魂是人，
保存老屋是為了利用房子說故事，
而非賺錢、拚觀光。

——————————郭晏緹（現任常務理事）

高雄「哈瑪星」內的新濱老街廓，曾是昔日最繁華的商業區，其中的鼓山區捷興二街上，有棟古樸的木造老屋，前身為興建於一九一〇年代，日人佐佐木商店高雄支店的初代商店，二樓外牆是斑駁的雨淋板，騎樓擺著幾張座椅，木頭拉門罩著「打狗文史再興會社」靛藍布幔，這裡是二〇一二年由參與新濱街廓保存運動者所打造的公共空間，更是附近居民、文史人士與觀光客的交流平台。

源起

老街區平凡木屋的傳奇過往

「打狗文史再興會社」這棟乍看平凡的木建築，承載新濱街區不平凡的歷史，常務理事郭晏緹，就住在會社隔壁、一棟抿石子壁面的折衷風格洋樓，她指出，會社所在的木造建築，與相連的洋樓同為日治時期佐佐木商店高雄支店的使用空間。二〇一二年三月，一位法

打狗文史再興會社原為「佐佐木商店高雄支店」的初代商店，與之相連的白色洋樓，為宅邸與辦公室。（圖片提供／打狗文史再興會社）

籍建築師，同時也是台灣女婿阿鴻，在替新濱老屋進行調查測繪時，在洋樓屋頂梁柱間，發現了珍貴的「棟札」（建築舉行上梁時放置於屋內高處的牌子），上頭清楚記載上梁時間為昭和四年（一九二九）四月、業主為佐佐木紀綱、建築營造商為湯川鹿造等資訊，確證了房子的獨特身世。

日人佐佐木紀綱主要經營木材建築材料與土木建築承包業，商行本店設於台南，在高雄設有支店，嘉義則為出張所。高雄支店的洋樓（二代商店）昔日是佐佐木的宅邸與辦公室，隔壁木建築（初代商店）後來則成為囤放小型木料的空間，由於高雄支店臨近海港與鐵路，尤其日治初期總督府限定官廳只許使用日本木材，因此當年高雄支店異常繁忙。戰後，佐佐木商店高雄支店為國民政府接收，爾後兩棟建築分別被兩戶人家買下，洋樓成為郭家、也曾將一樓租給報關行；「打狗文史再興會社」所在的木建築則曾做為塑膠加工工廠，後閒置數十年。

老街保衛戰，喚起在地認同感

新濱街廓土地戰後接收後輾轉劃歸為市有地，數十年來居民們即便按時繳納地價稅、房屋稅等，卻始終沒有土地所有權，

常務理事郭晏緹對文化保存的熱忱不輸會社的年輕夥伴。

新濱老街

新濱老街之名，源自日治時期的行政區——新濱町，範圍約是今日高雄的鼓山一路、臨海二路、捷興二街、鼓元街所圍街區。日治時期這裡有火車站、郵局、銀行，還有旅館、高級料理店、運輸貿易行等雲集，如今老街上，可見日式木造建築與洋樓建築錯落，雖然外觀已老舊，但卻沒有其他老街再造後的制式門面與嘈雜賣店，仍為老居民、老產業自在安居之所。

深恐有一天會被政府收回，長期以來都不敢改建房屋，只敢簡易修繕，反而因此保留下街道的歷史紋理，「但過去居民也嫌這一帶又老又舊，是經過歷史街廓保存運動的洗禮，才開始用不同眼光看待家鄉，並漸漸產生認同感與驕傲感。」郭晏緹說明街區保衛戰的背景。

二〇一二年三月，高雄市政府工務局為了開發新濱老街廓（都市計畫稱該區為「廣場第三類用地」），貼出公告將拆除當地三十多棟房子，以闢建停車場。居民接到突如其來的通知，恐慌之餘更感到氣憤，當地藝文空間「貳樓茶館」的老客人也不滿推土機式的都更，在呼朋引伴下，不到十天，在地居民與關心高雄都市發展的人士集結起來，出面向市府抗議，他們著手調查街區的歷史故事，提出歷史街廓的保存論述，呼籲市府不應強迫安居數十年的老居民搬遷。或許受到當時台北文林苑拆遷事件的漣漪效應影響，新濱老街的抗爭得到高雄市政府承諾暫緩拆除。

郭晏緹坦承，自己成長於威權時代，對台灣史渾然不知，是因為歷史街廓保存運動的刺激，才開始投入地方史與家族史的探尋，從她祖母遺留的成疊老照片與家族戶籍變遷中尋找線索。如今年過五十歲，郭晏緹的生活重心從台北移回家鄉，並連續擔任兩屆理事長，對文化保存的熱忱一點也不輸會社的年輕夥伴。

整修規劃

用最少經費，延續老屋生命

二〇一二年九月，「打狗文史再興會社」宣告成立，以延續運動能量，成員包括居民、設計師、藝術家、建築師、環保工作者、文字工作者等，他們立案前已租下這棟木造建築做為基地，幸運的是，八十多歲的屋主龔阿嬤也認同會社理念，只收取「足以支付房屋稅及地價稅」的微薄房租，至於老屋修繕工作全靠會社志工同心協力，從清掃厚重灰塵、搬移舊物、整理堪用家具，到修繕門窗、埋管線、新蓋廁所全都自己來，半年後，百年老屋重獲新生，熱鬧開張。

會社一樓含後院空地約有八十坪，空間改造的原則是修舊如舊，外觀保留原雨淋板結構，唯有一樓左側的立面因為曾被改為車庫出入口，整修時乃移除鐵捲門，重新復原木牆與木窗外觀，入口木拉門未做變動。至於內部裝修，考量到一樓的功能為辦公及公共聚會，因此採取有穿透感的木結構隔間，以區分不同使用屬性。由於屋齡老舊，整修時也加強主要橫梁及木柱結構，重新裝設配電設備，屋內的「編竹夾泥牆」（竹條編製成網狀再抹上灰泥的傳統牆面）有剝落，也重新粉刷灰泥。

通往二樓的木梯被完整保存，只是二樓地板嚴重破損，補強後盡量不做多餘裝潢，且考量承載力有限而未開放參觀。屋頂木結構先前已受損嚴重，由原屋主用鋼構支撐並將屋頂改為鐵皮。此外，會社在後院新建廁所，建材皆為舊磚料及舊木料再利用，後院空地還以生態工法改造，移除原本的硬鋪面，種植草木。

「打狗文史再興會社」的整修工程，除了配電設施外，全部都憑藉會社志工人力親手完成，不少材料都是回收老件舊料，全部開銷僅十多萬元，多花費在購買衛浴設備、水泥等材料費，但修復的成果卻讓許多專家讚嘆不已，認為留住了老屋的質樸感。

從「打狗文史再興會社」的保存經驗，郭晏緹反思台灣正夯的老屋風潮，她指出，台灣不論公、私部門在推動老屋改造時，存在共通困境與盲點有二，一是歷史建築修復技術在台灣面臨斷層，傳統匠師凋零，有些大木作工藝（指與建築整體木框架構有關的營造工法），還得去日本重新學習；其二，「修舊如舊」需要時間與恆心，遺憾的是，政府往往為求政績與速效，花了大筆

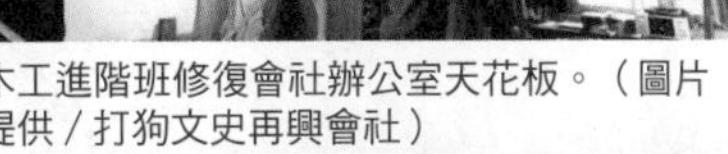

木工進階班修復會社辦公室天花板。（圖片提供／打狗文史再興會社）

木工班上課過程——組裝門框。（圖片提供／打狗文史再興會社）

預算結果反而修得太新，罔顧傳統工藝，私人修老屋則常寄望老屋帶來「商機」，罔顧歷史脈絡，修得只剩軀殼。

營運

保存老屋是為了訴說人的故事

從守護老街運動一路走來，「打狗文史再興會社」夥伴持續傻瓜精神打前鋒，創造老屋再生的另類典範。二〇一三年，會社成立社區木工班，招募有志之士學習木工，當時他們以社區內一處閒置老屋做為實習基地，進行木造建築的保存與修復，還找老師傳教授傳統榫接窗扇、編竹夾泥牆等工法，以協力造屋的精神恢復原先木造建築風貌，也傳承老屋修繕技術。「房子最重要的靈魂是人，保存老屋是為了利用房子說故事，而非賺錢、拚觀光。」郭晏緹說，新濱街廓內有幾處老屋利用都頗有特色，而會社致力於社區培力，包括：號召居民

一起動手改造社區景觀，收集老照片與老故事並策劃展覽，舉辦藝術市集，出版歷史街區相關書籍與地圖等。

近年高雄市政府編列大筆預算投入高雄舊港區的再造與重生，會社也不改監督角色，二○一八年九月起，會社更利用文化部計畫經費舉辦一系列公民文化論壇，由下而上探討城市觀光如何兼顧文資保存與市民生活，期盼有一天，城市發展能夠真正與文史保存共生共榮。

文／陳歆怡　攝影／陳伯義

各式精心製作的文史地圖，是深度認識哈瑪星的窗口。（圖片提供／打狗文史再興會社）

從老屋整修過程留下的舊建材，讓人一窺時代演變痕跡。

→「打狗文史再興會社」是附近居民、文史人士與觀光客的交流平台。

打狗文史再興會社

老屋創生帖

自力營造老屋，
期盼文史保存與城市發展能共存共生。

郭晏緹

老屋再利用建議

1. 歷史建築修復技術在台灣面臨斷層，傳統匠師凋零不好找，許多工法得去日本重新學習。
2. 「修舊如舊」需要時間與恆心，公部門千萬別為求政績與速效，花了大筆預算反而修得太新。
3. 從修繕老屋，到號召居民一起改造社區景觀、收集在地故事，可以激發對地方的認同感與驕傲感。

老屋檔案

平面配置

地址／高雄市鼓山區捷興二街18號
電話／07-5315867
開放時間／周二至周日11：00～16：00
（周一公休）
文資身分／無
起建年分／1910年代
原始用途／佐佐木商店高雄支店（初代商店）
建物大小／一樓約80坪
再利用營運日期／2012年7月
建物所有權／私人
取得經營模式／租賃
修繕費用／10多萬元
收入來源／100％捐款

捐款 100%

（圖片提供／打狗文史再興會社）

（圖片提供／打狗文史再興會社）

Taiwan Style 58

老屋創生25帖

總 策 劃 ■ 陳國慈
企劃統籌 ■ 迪化二〇七博物館
統籌執行 ■ 華安綺、葉益青、王貞懿、吳彩鳳
採訪撰文 ■ 李應平、林欣誼、高嘉聆、張尊禎、陳歆怡、曾淑美、葉益青、劉熒楓（依姓氏筆畫排列）
攝　　影 ■ 吳欣穎、林韋言、范文芳、高嘉聆、莊坤儒、陳伯義、曾國祥、劉威震（依姓氏筆畫排列）

編輯製作 ■ 台灣館
總 編 輯 ■ 黃靜宜
行政統籌 ■ 張詩薇
執行主編 ■ 張尊禎
美術設計 ■ 張小珊
行銷企劃 ■ 叢昌瑜、李婉婷

發 行 人 ■ 王榮文
出版發行 ■ 遠流出版事業股份有限公司
地址 ■ 台北市100南昌路二段81號6樓
電話 ■（02）2392-6899 傳真 ■（02）2392-6658
郵政劃撥 ■ 0189456-1
著作權顧問 ■ 蕭雄淋律師
輸出印刷 ■ 中原造像股份有限公司
2019年5月1日 ■ 初版一刷
定價 ■ 380元

Printed in Taiwan
ISBN 978-957-32-8546-5
YLib遠流博識網 http://www.ylib.com
E-mail ylib@ylib.com

國家圖書館出版品預行編目(CIP)資料

老屋創生25帖 / 陳國慈總策劃；李應平等採訪撰文. -- 初版. -- 臺北市：遠流, 2019.05
面； 公分. -- (Taiwan style；58)

ISBN 978-957-32-8546-5(平裝)

1.房屋 2.建築物維修 3.室內設計

422.9　　108005350